もくじ

東京書籍版
新編　新しい算数
3年　準拠

教科書の内容			ページ
1 九九を見なおそう	1	❶ [illegible] ❷ 0のかけ算 ❸ かける数とかけられる数	3・4
2 時こくと時間のもとめ方を考えよう	2	❶ 時こくと時間のもとめ方 ❷ 短い時間	5・6
3 同じ数ずつ分けるときの計算を考えよう	3	❶ 1人分の数をもとめる計算	7・8
	4	❷ 何人に分けられるかをもとめる計算 ❸ 0や1のわり算	9・10
4 大きい数の筆算を考えよう	5	❶ 3けたの数のたし算 ❷ 3けたの数のひき算	11・12
	6	それなら次は？（大きい数の筆算）	13・14
5 長い長さをはかって表そう	7	❶ 長いものの長さのはかり方 ❷ 長い長さのたんい	15・16
6 記ろくを整理して調べよう	8	❶ 整理のしかたとぼうグラフ①	17・18
	9	❶ 整理のしかたとぼうグラフ② ❷ 表のくふう	19・20
7 数をよく見て暗算で計算しよう	10		21・22
8 わり算を考えよう	11	❶ あまりのあるわり算	23・24
	12	❷ あまりを考える問題	25・26
9 10000より大きい数を調べよう	13	❶ 数の表し方	27・28
	14	❷ 10倍した数と10でわった数	29・30
10 大きい数のかけ算のしかたを考えよう	15	❶ 何十、何百のかけ算 ❷ 2けたの数に1けたの数をかける計算	31・32
	16	❸ 3けたの数に1けたの数をかける計算	33・34

教科書 上

教科書の内容			ページ
上	11 わり算や分数を考えよう	17 ❶ 大きい数のわり算 ❷ 分数とわり算	35・36
	12 まるい形を調べよう	18 ❶ 円 ❷ 球	37・38
	13 数の表し方やしくみを調べよう	19 ❶ 1より小さい数の表し方 ❷ 小数のしくみ	39・40
		20 ❸ 小数のしくみとたし算、ひき算 ❹ 小数のいろいろな見方	41・42
	14 重さをはかって表そう	21 ❶ 重さのくらべ方 ❷ はかりの使い方	43・44
	15 分数を使った大きさの表し方を調べよう	22 ❶ 等分した長さやかさの表し方	45・46
		23 ❷ 分数のしくみ	47・48
		24 ❸ 分数のしくみとたし算、ひき算	49・50
下	16 □を使って場面を式に表そう	25	51・52
	17 かけ算の筆算を考えよう	26 ❶ 何十をかける計算 ❷ 2けたの数をかける計算 ①	53・54
		27 ❷ 2けたの数をかける計算 ② ❸ 暗算	55・56
	倍の計算	28	57・58
	18 三角形を調べよう	29 ❶ 二等辺三角形と正三角形 ❷ 三角形と角	59・60
	そろばん	30	61・62
	3年のふくしゅう	31 ～ 32 力だめし ①～②	63・64
	答え		65～72

教科書 ㊤ 9～22 ページ　　月　　日

1 九九を見なおそう

❶ かけ算のきまり　❷ 0のかけ算
❸ かける数とかけられる数

／100点

1 下の6のだんの九九の表(ひょう)について答えましょう。

1つ8〔32点〕

かける数

	1	2	3	4	5	6	7	8	9
かけられる数 6	㋐	12	18	24	㋑	36	㋒	48	54

❶ 表の㋐～㋒にあてはまる数は、いくつですか。

㋐（　　）　㋑（　　）　㋒（　　）

❷ かける数が1ふえると、かけ算の答えはいくつ大きくなりますか。（　　）

2 □にあてはまる数を書きましょう。　1つ6〔36点〕

❶ $6\times4=4\times\square$　❷ $8\times\square=9\times8$

❸ $3\times7=3\times6+\square$　❹ $5\times8=5\times7+\square$

❺ $7\times3=7\times4-\square$　❻ $5\times8=5\times9-\square$

3 計算をしましょう。　1つ6〔18点〕

❶ 2×0　❷ 4×0　❸ 0×5

4 □にあてはまる数を書きましょう。　1つ7〔14点〕

❶ $4\times\square=36$　❷ $\square\times5=35$

答えは
65ページ

月　　日

1　九九を見なおそう

❶ かけ算のきまり　❷ 0のかけ算

❸ かける数とかけられる数

／100点

1 □にあてはまる数を書きましょう。　1つ10〔20点〕

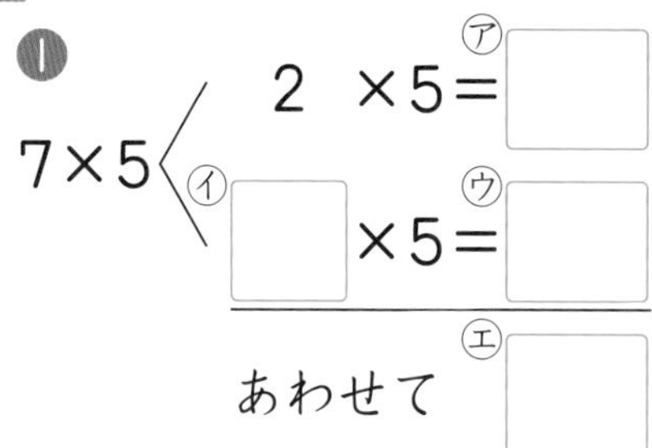

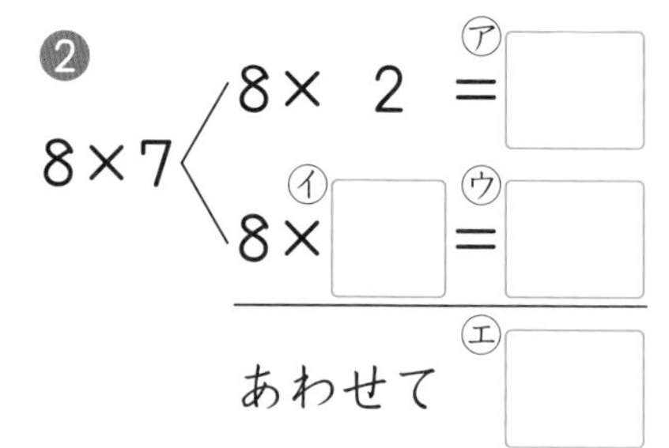

2 □にあてはまる数を書きましょう。　1つ10〔40点〕

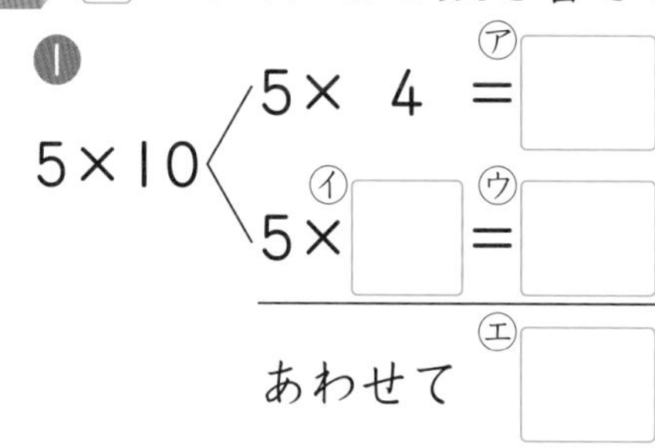

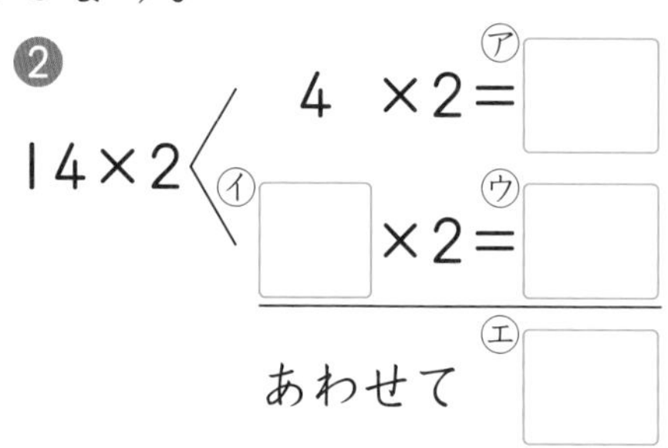

❸ 10×9＝□　　❹ 14×5＝□

3 計算をしましょう。　1つ8〔24点〕

❶ 8×0　　❷ 0×10　　❸ 0×0

4 □にあてはまる数を書きましょう。　1つ8〔16点〕

❶ □×7＝56　　❷ 8×□＝72

答えは
65ページ

きほん 2

教科書 上 24〜28ページ　　月　　日

2 時こくと時間のもとめ方を考えよう

❶ 時こくと時間のもとめ方
❷ 短い時間

／100点

1 次の問題に答えましょう。　1つ10〔30点〕

❶ 2時50分から50分後の時こくをもとめましょう。（　　　）

❷ 2時50分から35分前の時こくをもとめましょう。（　　　）

❸ 2時50分から3時25分までの時間をもとめましょう。（　　　）

2 □にあてはまる数を書きましょう。　1つ10〔40点〕

❶ 110秒＝□分□秒　❷ 3分20秒＝□秒

❸ 75分＝□時間□分　❹ 2時間5分＝□分

3 （　）にあてはまる、時間のたんいを書きましょう。　1つ10〔30点〕

❶ 1日のうちで起きている時間　14（　　）

❷ かんらん車が1しゅうする時間　8（　　）

❸ 横だん歩道をわたるのにかかる時間　20（　　）

答えは65ページ

教科書 ㊤ 24～28 ページ

月　　日

2　時こくと時間のもとめ方を考えよう

❶ 時こくと時間のもとめ方

❷ 短い時間

／100点

1 次(つぎ)の問題(もんだい)に答えましょう。　1つ15〔30点〕

❶ 9時40分から70分前の時こくをもとめましょう。

(　　　　　)

❷ 8時55分から9時40分までの時間をもとめましょう。

(　　　　　)

2 次の問題に答えましょう。　1つ10〔30点〕

❶ 40分と50分をあわせると、何時間何分ですか。

(　　　　　)

❷ 1時間45分と55分をあわせると、何時間何分ですか。

(　　　　　)

❸ 2分35秒(びょう)と1分35秒をあわせると、何分何秒ですか。

(　　　　　)

3 □にあてはまる数を書きましょう。　1つ10〔40点〕

❶ 99分＝□時間□分　❷ 3時間6分＝□分

❸ 123秒＝□分□秒　❹ 4分17秒＝□秒

答えは65ページ

きほん 3

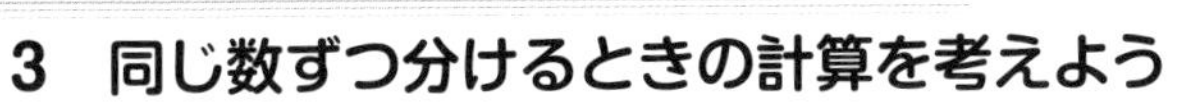
教科書 ㊤ 31〜34 ページ

月　日

10分

3 同じ数ずつ分けるときの計算を考えよう

❶ 1人分の数をもとめる計算

／100点

1 18このみかんを3人で同じ数ずつ分けると、1人分は何こになりますか。〔12点〕

□÷3＝□

答え（　　　）

2 24÷4 の答えは、□×4＝24 の□にあてはまる数です。1つ6〔12点〕

① □にあてはまる数は、何のだんの九九で見つけられますか。だんの数を答えましょう。（　　　）

② □にあてはまる数は何ですか。（　　　）

3 計算をしましょう。1つ10〔60点〕

① 12÷2　② 28÷7　③ 32÷8

④ 36÷9　⑤ 24÷6　⑥ 45÷5

4 35cmのリボンを5人で同じ長さずつ分けると、1人分は何cmになりますか。1つ8〔16点〕

【式(しき)】

答え（　　　）

答えは65ページ

月　日

3　同じ数ずつ分けるときの計算を考えよう

❶ 1人分の数をもとめる計算

／100点

1 24 このあめを 3 人で同じ数ずつ分けると、1 人分は何こになりますか。　1つ6〔18点〕

❶ 式(しき)を書きましょう。（　　）

❷ 答えは、何のだんの九九で見つけられますか。だんの数を答えましょう。（　　）

❸ 1 人分は何こですか。（　　）

2 計算をしましょう。　1つ7〔42点〕

❶ $40 \div 5$　❷ $27 \div 9$　❸ $48 \div 6$

❹ $24 \div 8$　❺ $35 \div 7$　❻ $27 \div 3$

3 42 このりんごを 7 人で同じ数ずつ分けると、1 人分は何こになりますか。　1つ10〔20点〕

【式】

答え（　　）

4 36 人の子どもを同じ人数ずつ 4 つのグループに分けると、1 つのグループは何人になりますか。　1つ10〔20点〕

【式】

答え（　　）

答えは
65ページ

きほん 4

教科書 ㊤ 35〜40 ページ　　月　　日

3　同じ数ずつ分けるときの計算を考えよう
❷ 何人に分けられるかをもとめる計算
❸ 0 や 1 のわり算

／100点

1 30cm のリボンを 6cm ずつに切ると、何本になりますか。〔12点〕

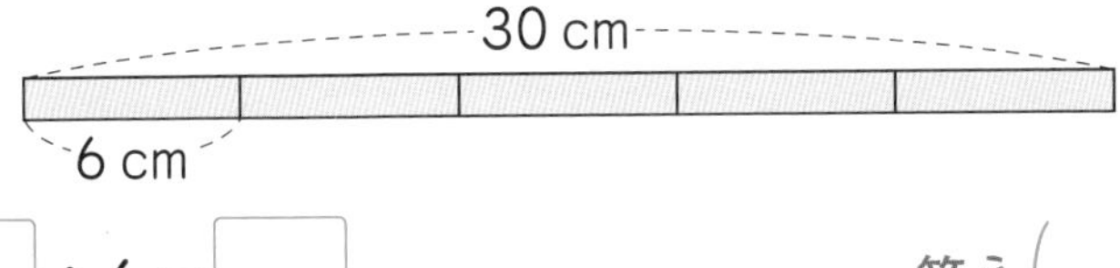

□÷6＝□　　答え（　　）

2 63 このビー玉を、1 人に 7 こずつ分けると、何人に分けられますか。1つ10〔20点〕

【式(しき)】

答え（　　）

3 56 本のバラを 8 本ずつたばにして、花たばを作ります。花たばはいくつできますか。1つ10〔20点〕

【式】

答え（　　）

4 計算をしましょう。1つ8〔48点〕

❶ 0÷9　❷ 0÷3　❸ 4÷4

❹ 8÷8　❺ 6÷1　❻ 8÷1

答えは 65ページ

10分

3 同じ数ずつ分けるときの計算を考えよう
❷ 何人に分けられるかをもとめる計算
❸ 0や1のわり算

／100点

1 54このさくらんぼを1人に6こずつ分けると、何人に分けられますか。　1つ10〔30点〕

❶ 式(しき)を書きましょう。　（　　　　）

❷ 答えは、何のだんの九九で見つけられますか。だんの数を答えましょう。　（　　　　）

❸ 何人に分けられますか。　（　　　　）

2 25÷5の式になる問題(もんだい)をつくりましょう。　〔30点〕

（　　　　　　　　　　　　　　　　）

3 ふくろに入っているあめを、9人で同じ数ずつ分けます。1人分は何こになりますか。　1つ10〔40点〕

❶ ふくろに9こ入っているとき

【式】

答え（　　　　）

❷ ふくろに入っていないとき

【式】

答え（　　　　）

答えは65ページ

教科書 ㊤ 45～49 ページ　　月　　日

4　大きい数の筆算を考えよう

❶ 3けたの数のたし算
❷ 3けたの数のひき算

／100点

1 計算をしましょう。　1つ6〔84点〕

① 751＋146　　② 278＋51

③ 693＋249　　④ 526＋78

⑤ 548＋703　　⑥ 957＋84

⑦ 468＋749　　⑧ 938－214

⑨ 315－24　　⑩ 708－65

⑪ 653－285　　⑫ 421－96

⑬ 801－7　　⑭ 1000－876

2 あるえい画館(がかん)に入場した人数は、きのうが395人、今日(きょう)が516人でした。あわせて何人ですか。　1つ8〔16点〕

【式(しき)】

答え（　　　　）

答えは
66ページ

教科書 ㊤ 45〜49 ページ

月　日

4　大きい数の筆算を考えよう

❶ 3けたの数のたし算

❷ 3けたの数のひき算

／100点

1 計算をしましょう。　1つ7〔70点〕

❶ 312＋419　❷ 625＋83

❸ 473＋389　❹ 407＋295

❺ 248＋756　❻ 672－136

❼ 721－319　❽ 503－246

❾ 900－19　❿ 1000－54

2 880円の本を買うために、1000円さつを出しました。　1つ10〔30点〕

❶ おつりはいくらですか。

【式（しき）】

答え（　　　）

❷ 答えのたしかめをします。□にあてはまる数を書きましょう。

880＋□＝□

答えは
66ページ

月　　日

4　大きい数の筆算を考えよう

それなら次は？　（大きい数の筆算）

／100点

1 計算をしましょう。　1つ8〔16点〕

❶

	2	4	7	3
+	5	1	6	8

❷

	5	1	6	8
−	2	4	7	3

2 計算をしましょう。　1つ8〔64点〕

❶ 1234＋5678　　❷ 4937＋63

❸ 5846＋3279　　❹ 5261＋739

❺ 4392－1786　　❻ 6582－987

❼ 8361－5724　　❽ 1056－678

3 ある日の遊園地(ゆうえんち)の入場者数(にゅうじょうしゃすう)は、大人が 1287 人、子どもが 3406 人でした。入場者数は、あわせて何人ですか。

【式(しき)】　1つ10〔20点〕

答え（　　　　）

答えは
66ページ

かくにん 6

月　　日

4　大きい数の筆算を考えよう
それなら次は？　(大きい数の筆算)

／100点

1 計算をしましょう。　1つ8〔16点〕

❶

	7	5	8	4
+	1	6	9	7

❷

	7	5	8	4
−	1	6	9	7

2 計算をしましょう。　1つ8〔64点〕

❶ 3764＋5241　　❷ 5963＋84

❸ 4085＋3947　　❹ 459＋7892

❺ 5674－2891　　❻ 7603－509

❼ 6107－5798　　❽ 8076－97

3 みきさんは 3750 円、兄さんは 5087 円持(も)っています。どちらが何円多く持っていますか。　1つ10〔20点〕

【式(しき)】

答え(　　　　　　　　)

答えは 66ページ

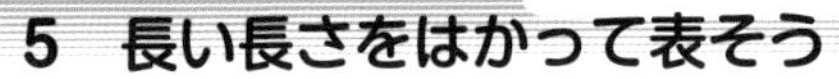

月　　日

5　長い長さをはかって表そう

❶ 長いものの長さのはかり方

❷ 長い長さのたんい

／100点

1 下のまきじゃくで、㋐～㋓のめもりが表している長さを答えましょう。　1つ10〔40点〕

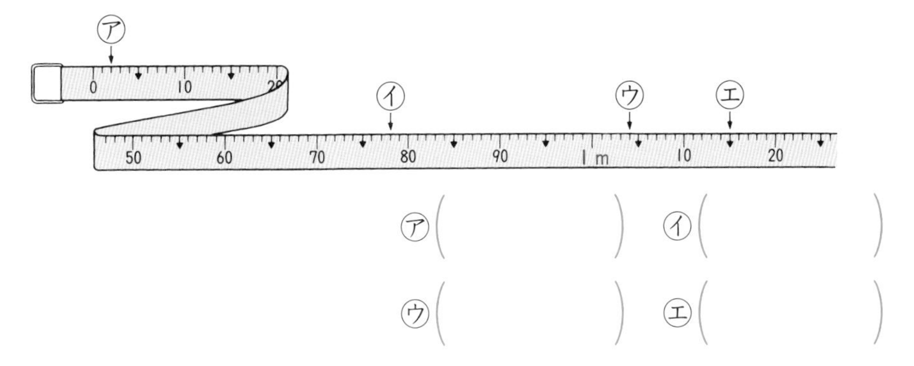

㋐（　　　　）　㋑（　　　　）

㋒（　　　　）　㋓（　　　　）

2 右の地図を見て答えましょう。　1つ10〔40点〕

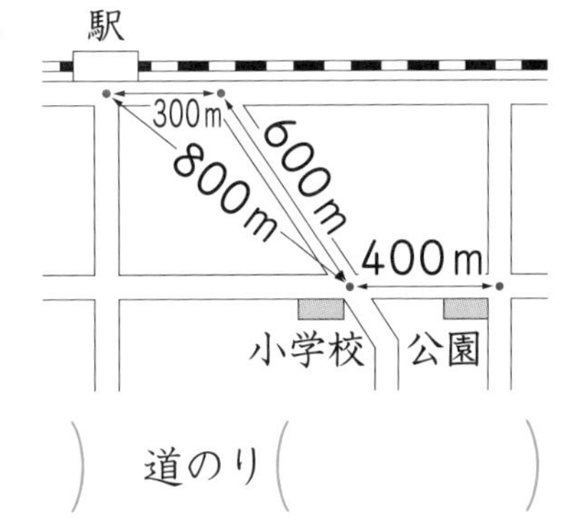

❶ 駅から小学校までのきょりは何mですか。また、道のりは何mですか。

きょり（　　　　）　道のり（　　　　）

❷ 駅から小学校の前を通って公園までの道のりは何mですか。また、何km何mですか。（　　　　）（　　　　）

3 □にあてはまる数を書きましょう。　1つ10〔20点〕

❶ 6000m＝□km　　❷ 1km150m＝□m

答えは66ページ

月　日

5 長い長さをはかって表そう

❶ 長いものの長さのはかり方

❷ 長い長さのたんい

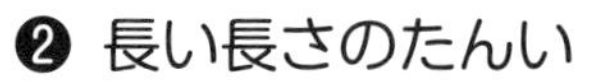

／100点

1 （　）にあてはまる、長さのたんいを書きましょう。

1つ10〔20点〕

❶ 1時間に大人が歩く道のり　4（　　）

❷ 消しゴムの横の長さ　4（　　）5（　　）

2 下のまきじゃくで、㋐～㋒のめもりが表している長さはそれぞれ何m何cmですか。

1つ10〔30点〕

㋐　㋑　㋒

90　17m　10　20　30　40　50　60　70　80　90　18m　10

㋐（　　）　㋑（　　）　㋒（　　）

3 □にあてはまる数を書きましょう。

1つ10〔20点〕

❶ 4705m＝□km□m

❷ 2090m＝□km□m

4 下の図を見て、次の道のりが何km何mか答えましょう。

1つ15〔30点〕

図書館　市役所　中学校　小学校

900m　700m　500m

❶ 図書館から中学校　❷ 市役所から小学校

（　　）　（　　）

答えは 66ページ

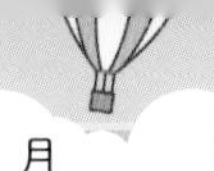

6　記ろくを整理して調べよう

❶ 整理のしかたとぼうグラフ ①

／100点

1 ひろみさんたちが、通りにある店の数を調べたら、下のようになりました。「正」の字を使って表した数を右の表に数字で書きましょう。〔50点〕

食べ物屋	正 正	病院	正 丅
薬局	正 一	花屋	一
コンビニエンスストア	正	本屋	一
パン屋	下	おもちゃ屋	一

店の数

店	数(けん)
食べ物屋	
薬　局	
コンビニエンスストア	
パン屋	
病　院	
その他	
合　計	

2 右のグラフは、たくやさんのクラスで、先週、図書室で本をかりた人数を表したものです。1つ25〔50点〕

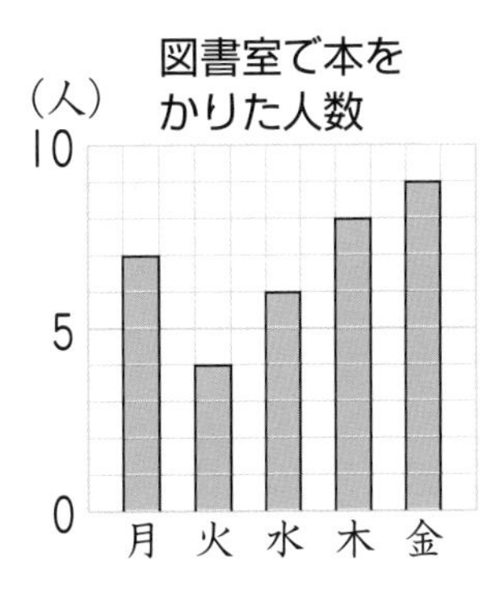

❶ グラフの1めもりは、何人を表していますか。

(　　　　)

❷ 先週本をかりた人は、全部で何人ですか。

(　　　　)

答えは66ページ

教科書 ㊤ 67〜71 ページ

月　日

6　記ろくを整理して調べよう

❶ 整理のしかたとぼうグラフ ①

／100点

1 かずきさんは、友だち 25 人に赤、青、黄、緑（みどり）、だいだい、黒、白の中からすきな色を１人１つずつえらんでもらいました。それぞれの色がすきな人の数を右の表（ひょう）に整理（せいり）しましょう。〔50点〕

青	緑	だいだい	赤	黄
赤	黒	だいだい	青	だいだい
黄	白	赤	黄	赤
だいだい	青	黄	緑	青
青	赤	赤	黄	緑

すきな色調（しら）べ

色	人数（人）
赤	
青	
黄	
緑	
だいだい	
その他（た）	
合計	

2 下の表は、じゅんさんの組の人たちの、きぼうする係（かかり）の人数を調べたものです。これをぼうグラフに表（あらわ）しましょう。〔50点〕

きぼうする係調べ

係	しいく	図書	ほけん	新聞
人数(人)	13	5	6	10

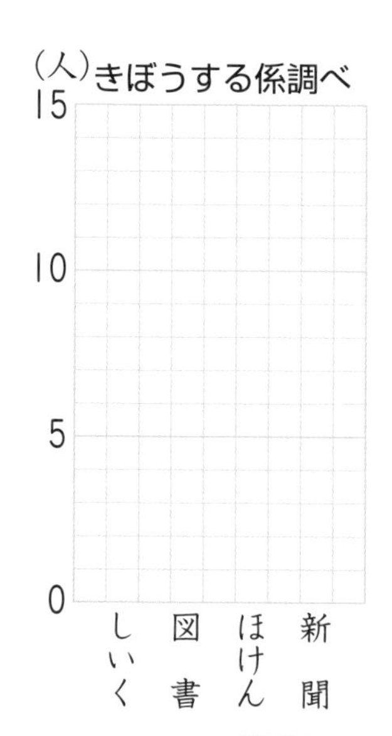

答えは 67ページ

教科書 ㊤ 72〜76 ページ　　月　　日

6 記ろくを整理して調べよう

❶ 整理のしかたとぼうグラフ ②
❷ 表のくふう

／100点

1 下のぼうグラフで、ぼうが表(あらわ)している大きさを答えましょう。 1つ15〔45点〕

❶
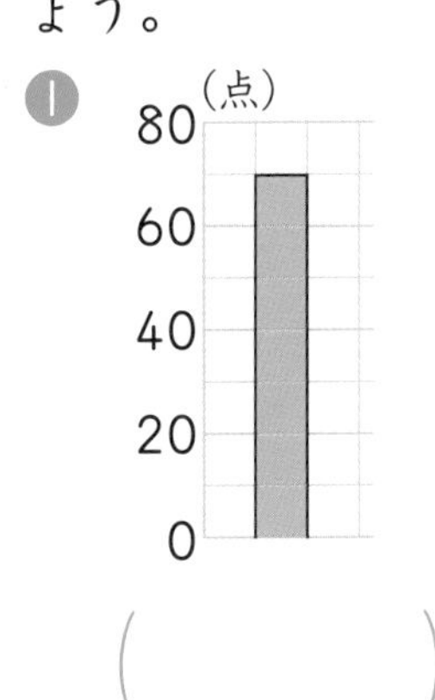

（　　　　）

❷
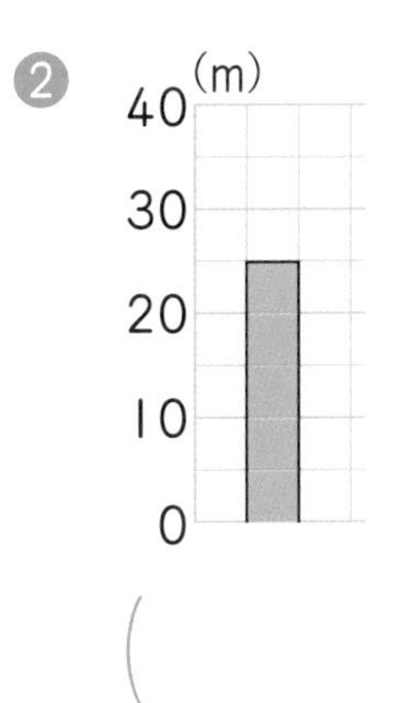

（　　　　）

❸
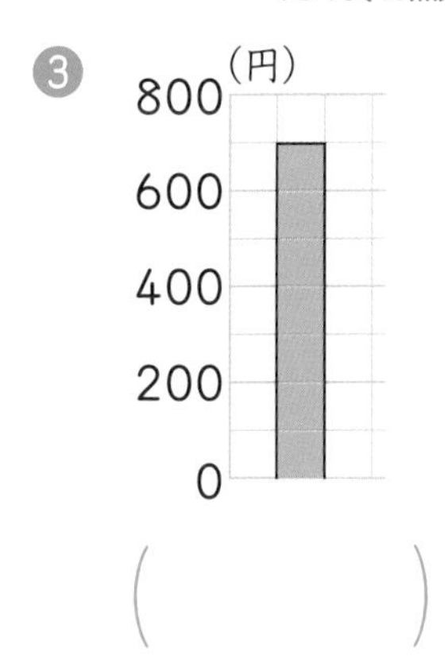

（　　　　）

2 右の表(ひょう)は、2年生と3年生で虫歯(むしば)のある人の数を、組ごとにまとめたものです。 1つ11〔55点〕

虫歯調(しら)べ　(人)

学年＼組	1組	2組	3組	合計
2年	4	8	5	17
3年	7	6	4	㋐
合計	㋑	14	㋒	㋓

❶ 3年2組で、虫歯のある人は何人ですか。

（　　　　）

❷ 表の㋐〜㋓にあてはまる数を答えましょう。

㋐（　　　　）　㋑（　　　　）

㋒（　　　　）　㋓（　　　　）

答えは
67ページ

教科書 ㊤ 72～76 ページ

月　　日

6　記ろくを整理して調べよう

❶ 整理のしかたとぼうグラフ ②

❷ 表のくふう

／100点

1 下の表は、文ぼう具のねだんについて調べたものです。これをぼうグラフに表しましょう。〔40点〕

文ぼう具のねだん

しゅるい	ねだん(円)
じょうぎ	260
色えん筆	200
ノート	150
えん筆	120
消しゴム	80

(円)

じょうぎ　色えん筆　ノート　えん筆

2 右の表は、2年生と3年生の1組、2組、3組で、1学期に休んだ人数を、まとめたものです。表の㋐～㋕にあてはまる数を答えましょう。1つ10〔60点〕

休んだ人数調べ　(人)

学年＼組	1組	2組	3組	合計
2年	㋐	10	㋑	25
3年	㋒	㋓	12	29
合計	㋔	15	18	㋕

㋐(　　　)　㋑(　　　)　㋒(　　　)

㋓(　　　)　㋔(　　　)　㋕(　　　)

答えは
67ページ

きほん 10

月　　日

7 数をよく見て暗算で計算しよう

／100点

1 □にあてはまる数を書いて、100－49 を暗算(あんざん)で計算しましょう。〔10点〕

49 を□とみると、100－□＝50 で、これに多くひいた□をたすので、答えは□です。

2 暗算で計算しましょう。1つ10〔40点〕

❶ 100－58　　❷ 100－69

❸ 100－77　　❹ 100－88

3 □にあてはまる数を書いて、100－52 を暗算で計算しましょう。〔10点〕

52 を□とみると、100－□＝50 で、ここから少なくひいた□をひくので、答えは□です。

4 暗算で計算しましょう。1つ10〔40点〕

❶ 100－12　　❷ 100－41

❸ 100－33　　❹ 100－22

答えは 67ページ

月　　日

7　数をよく見て暗算で計算しよう

／100点

1 次(つぎ)の❶、❷のしかたで、37 ＋ 48 の暗算(あんざん)をします。□にあてはまる数を書きましょう。　1つ10〔20点〕

❶

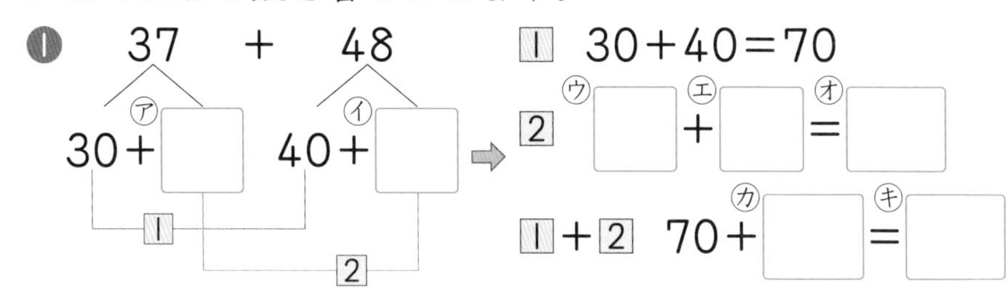

❷ 48 を□とみると、37＋□＝□で、ここから多くたした□をひくので、答えは□です。

2 暗算で計算しましょう。　1つ10〔80点〕

❶ 61＋27　　❷ 35＋45

❸ 47＋26　　❹ 13＋59

❺ 75－23　　❻ 80－38

❼ 53－48　　❽ 91－17

答えは
67ページ

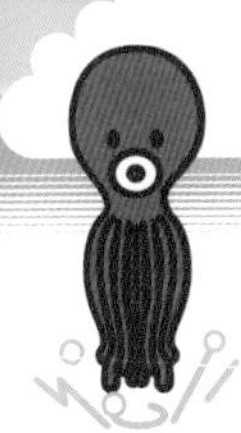

きほん 11

教科書 上 83～88 ページ　　月　　日

8　わり算を考えよう

❶ あまりのあるわり算

／100点

1 ケーキが 14 こあります。　1つ8〔16点〕

❶ 1 箱(はこ)に 4 こずつ入れると、何箱できて、何こあまりますか。

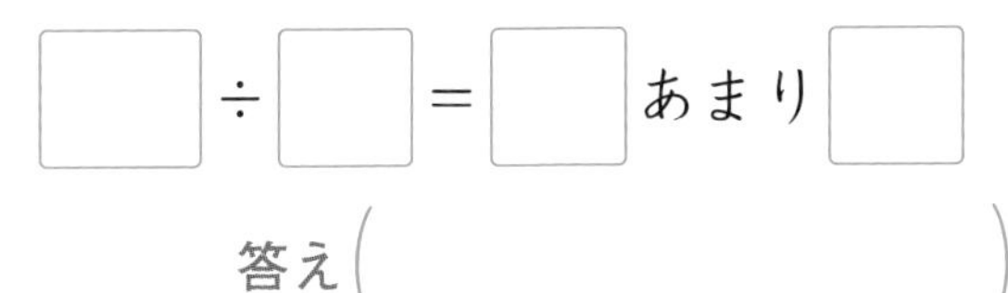

□ ÷ □ ＝ □ あまり □

答え（　　　　　）

❷ ❶の計算が正しいかどうかをたしかめましょう。

4× □ ＋ □ ＝ □

2 計算をしましょう。　1つ7〔84点〕

❶ 9÷4　❷ 22÷3　❸ 34÷5

❹ 47÷6　❺ 25÷3　❻ 40÷9

❼ 38÷7　❽ 27÷6　❾ 70÷8

❿ 27÷5　⓫ 42÷8　⓬ 65÷7

答えは 67ページ

教科書 ㊤ 83〜88 ページ

月　日

8 わり算を考えよう

❶ あまりのあるわり算

／100点

1 答えのまちがいをなおしましょう。　1つ10〔20点〕

❶ 58÷7＝7 あまり 9　（　　　）

❷ 44÷5＝9 あまり 1　（　　　）

2 わりきれる計算をえらび、記号(きごう)で答えましょう。　〔10点〕

㋐ 53÷6　㋑ 79÷8　㋒ 72÷9

（　　　）

3 計算をしましょう。　1つ10〔40点〕

❶ 55÷6　❷ 33÷8

❸ 46÷5　❹ 26÷7

4 あめが 27 こあります。1 人に 6 こずつ分けると、何人に分けられて、何こあまりますか。また、答えのたしかめもしましょう。　1つ10〔30点〕

【式(しき)】

答え（　　　）

たしかめ（　　　）

答えは 67ページ

月　　日

8　わり算を考えよう
❷ あまりを考える問題

／100点

1 子どもが 45 人います。1 この長いすに 6 人ずつすわると、みんながすわるには、長いすは何こいりますか。

【式（しき）】　1つ13〔26点〕

答え（　　　）

2 りんごが 28 こあります。1 このかごに 5 こずつ入れると、全部（ぜんぶ）のりんごを入れるには、かごは何こいりますか。

【式】　1つ13〔26点〕

答え（　　　）

3 ボールが 67 こあります。1 つの箱（はこ）に 7 こずつ入れると、全部のボールを入れるには、箱は何箱いりますか。1つ13〔26点〕

【式】

答え（　　　）

4 マッチぼうが 22 本あります。右の図のように、3 本使（つか）って三角形を 1 こ作ると、三角形は何こ作れますか。　1つ11〔22点〕

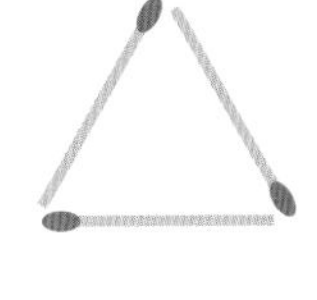

【式】

答え（　　　）

答えは 67ページ

かくにん 12

教科書 ㊤ 89 ページ

月　日

8 わり算を考えよう
❷ あまりを考える問題

／100点

1 子どもが 33 人います。　1つ12〔48点〕

❶ 1 この長いすに 4 人ずつすわると、みんながすわるには、長いすは何こあればよいでしょうか。

【式(しき)】

答え（　　　）

❷ ❶のこ数だけ長いすがあるとき、子どもはあと何人すわれますか。

【式】

答え（　　　）

2 どんぐりが 78 こあります。9 こで首かざりを 1 こ作ります。首かざりは何こ作れますか。　1つ13〔26点〕

【式】

答え（　　　）

3 画びょうが 26 こあります。1 まいの絵に画びょうを 4 こ使(つか)って、けいじ板(ばん)に絵をはります。絵は何まいはれますか。　1つ13〔26点〕

【式】

答え（　　　）

答えは 68ページ

きほん 13

教科書 ㊤ 93〜101 ページ

月　日

10分

9 10000より大きい数を調べよう

❶ 数の表し方

／100点

1 48537216について答えましょう。 1つ10〔30点〕

❶ 次(つぎ)の位(くらい)の数字は何ですか。

㋐ 一万の位 (　　　) ㋑ 百万の位 (　　　)

❷ 4は、何の位の数字ですか。 (　　　)

2 数字で書きましょう。 1つ10〔20点〕

❶ 六十九万二千七百五十八 (　　　)

❷ 百万を6こ、十万を2こあわせた数 (　　　)

3 下の数直線で、㋐〜㋒のめもりが表(あらわ)している数を答えましょう。 1つ10〔30点〕

0　10000　20000　30000　40000　50000　60000

㋐ (　　　) ㋑ (　　　) ㋒ (　　　)

4 □にあてはまる等号(とうごう)、不等号(ふとうごう)を書きましょう。 1つ5〔20点〕

❶ 70000 □ 60000　❷ 3000 □ 4000

❸ 9000＋1000 □ 10000

❹ 500万 □ 800万－200万

答えは68ページ

月　日

10分

9　10000 より大きい数を調べよう

❶ 数の表し方

／100点

1 読み方を漢字(かんじ)で書きましょう。　1つ10〔20点〕

❶ 270500　(　　　　　)

❷ 18020705　(　　　　　)

2 数字で書きましょう。　1つ10〔20点〕

❶ 1000 を 35 こ集(あつ)めた数　(　　　　　)

❷ 99999999 より 1 大きい数　(　　　　　)

3 19000、31000、56000 を表(あらわ)すめもりに、↑ をかきましょう。　1つ10〔30点〕

0　10000　20000　30000　40000　50000　60000

4 230000 は、どのような数といえるでしょうか。□ にあてはまる数を書きましょう。　1つ10〔30点〕

❶ 30000 と □ をあわせた数

❷ 300000 より □ 小さい数

❸ 10000 を □ こ集めた数

答えは
68ページ

月　　日

9　10000より大きい数を調べよう
❷ 10倍した数と10でわった数

／100点

1 □にあてはまる数を書きましょう。　1つ5〔40点〕

❶ 30を10倍(ばい)した数は、30の右に□を1こつけた数で、□になります。

❷ 45を10倍した数は□、45を100倍した数は45の10倍の10倍で□、45を1000倍した数は45の10倍の10倍の10倍で□です。

❸ 300を10でわった数は、300の一の位(くらい)の□をとった数で、□になります。

❹ 120を10でわった数は□です。

2 計算をしましょう。　1つ10〔60点〕

❶ 68×10　　❷ 456×10

❸ 74×100　　❹ 810×1000

❺ 80÷10　　❻ 930÷10

答えは
68ページ

月　日

9　10000 より大きい数を調べよう
❷ 10 倍した数と 10 でわった数

／100点

1 次(つぎ)の数を 10 倍(ばい)、100 倍、1000 倍した数、10 でわった数は、それぞれいくつですか。　1つ8〔64点〕

❶ 540

10 倍（　　　）　100 倍（　　　）

1000 倍（　　　）　10 でわる（　　　）

❷ 700

10 倍（　　　）　100 倍（　　　）

1000 倍（　　　）　10 でわる（　　　）

2 4 を 100 倍した数を 10 でわると、いくつになりますか。

【式(しき)】　1つ9〔18点〕

答え（　　　）

3 ある数を 10 倍するのをまちがえて 10 でわったので、8 になりました。ある数を 10 倍した数はいくつですか。

【式】　1つ9〔18点〕

答え（　　　）

答えは 68ページ

10 大きい数のかけ算のしかたを考えよう

❶ 何十、何百のかけ算

❷ 2けたの数に 1けたの数をかける計算

／100点

1 □にあてはまる数を書きましょう。 1つ20〔40点〕

❶ 40×2 の計算のしかたを考えます。

40 は、10 の □ こ分の数です。40×2 は、

10 が □×2＝□ より、□ こだから、

40×2＝□ です。

❷ 400×2 の計算のしかたを考えます。

400 は、100 の □ こ分の数です。400×2 は、

100 が □×2＝□ より、□ こだから、

400×2＝□ です。

2 □にあてはまる数を書きましょう。 1つ15〔60点〕

❶

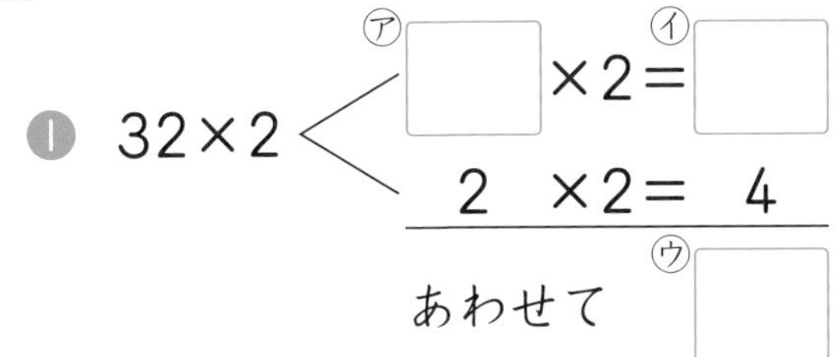

❷ 31 × 2 = □□

❸ 17 × 3 = □1

❹ 19 × 7 = □□3

答えは 68ページ

月　日

10　大きい数のかけ算のしかたを考えよう

❶ 何十、何百のかけ算

❷ 2けたの数に 1けたの数をかける計算

／100点

1 計算をしましょう。　1つ6〔60点〕

❶ 50×9　　❷ 40×5

❸ 300×7　　❹ 500×6

❺ 16×6　　❻ 70×5　　❼ 93×4

❽ 27×4　　❾ 35×8　　❿ 79×8

2 1 こ 75 円のおかしを 7 こ買います。代金(だいきん)はいくらですか。　1つ10〔20点〕

【式(しき)】

答え（　　　）

3 りんごを 1 箱(はこ)に 16 こずつ 9 箱につめたら、6 こあまりました。りんごは全部(ぜんぶ)で何こありましたか。　1つ10〔20点〕

【式】

答え（　　　）

答えは
68ページ

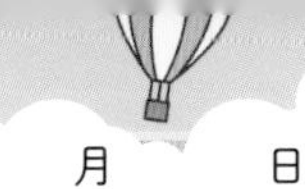

10　大きい数のかけ算のしかたを考えよう

❸ 3けたの数に 1けたの数をかける計算

／100点

1 □にあてはまる数を書きましょう。　1つ15〔60点〕

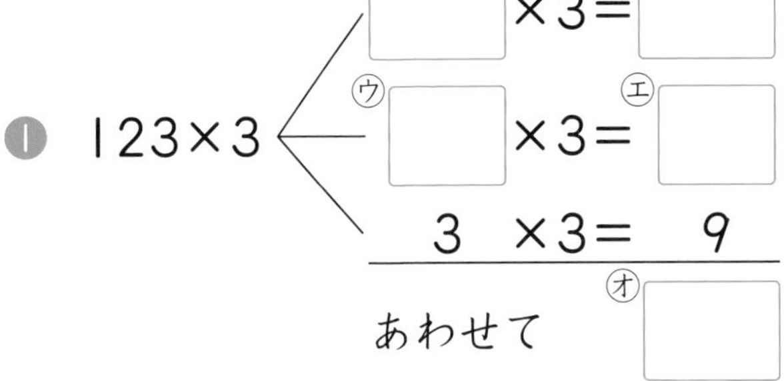

❶ 123×3 → ㋐□ $\times 3 =$ ㋑□、㋒□ $\times 3 =$ ㋓□、$3 \times 3 = 9$

あわせて ㋔□

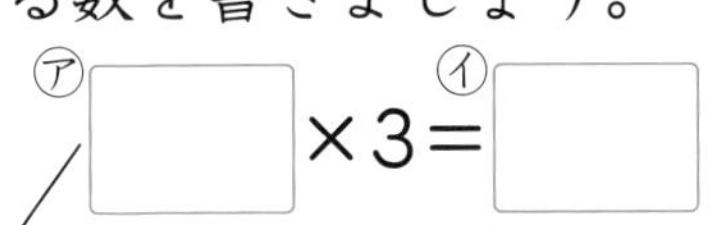

❷ $\begin{array}{r} 437 \\ \times \quad 2 \\ \hline \end{array}$　❸ $\begin{array}{r} 913 \\ \times \quad 2 \\ \hline \end{array}$　❹ $\begin{array}{r} 287 \\ \times \quad 6 \\ \hline \end{array}$

2 □にあてはまる数を書きましょう。　1つ10〔20点〕

❶ $(70 \times \square) \times 4 = 70 \times (2 \times 4)$

❷ $(143 \times 5) \times 2 = 143 \times (\square \times 2)$

3 1本162円のジュースを3本買います。代金（だいきん）はいくらですか。　1つ10〔20点〕

【式（しき）】

答え（　　　　）

答えは 68ページ

教科書 ㊤ 115～118 ページ

月　日

10　大きい数のかけ算のしかたを考えよう

❸ 3けたの数に 1けたの数をかける計算

／100点

1 計算をしましょう。　1つ8〔72点〕

❶ $\begin{array}{r} 532 \\ \times \quad 3 \\ \hline \end{array}$　❷ $\begin{array}{r} 409 \\ \times \quad 6 \\ \hline \end{array}$　❸ $\begin{array}{r} 146 \\ \times \quad 9 \\ \hline \end{array}$

❹ $\begin{array}{r} 378 \\ \times \quad 4 \\ \hline \end{array}$　❺ $\begin{array}{r} 893 \\ \times \quad 8 \\ \hline \end{array}$　❻ $\begin{array}{r} 281 \\ \times \quad 7 \\ \hline \end{array}$

❼ $\begin{array}{r} 604 \\ \times \quad 5 \\ \hline \end{array}$　❽ $\begin{array}{r} 725 \\ \times \quad 2 \\ \hline \end{array}$　❾ $\begin{array}{r} 957 \\ \times \quad 4 \\ \hline \end{array}$

2 1こ635円のべんとうを3こ買います。代金（だいきん）はいくらですか。　1つ7〔14点〕

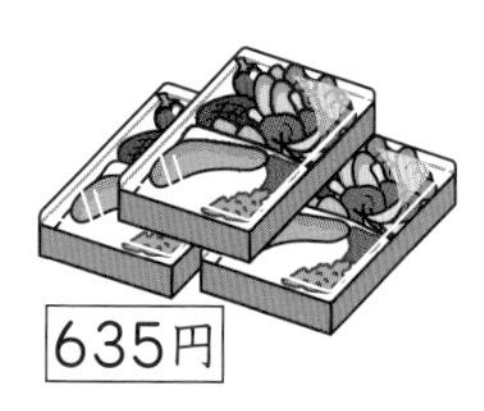

【式（しき）】

答え（　　　　）

3 1こ135円のおかしが、1ふくろに2こずつ入っています。5ふくろ買うと、代金はいくらですか。　1つ7〔14点〕

【式】

答え（　　　　）

答えは
69ページ

きほん 17

教科書 ㊤ 122～125 ページ

月　　日

11　わり算や分数を考えよう

❶ 大きい数のわり算

❷ 分数とわり算

／100点

1 □にあてはまる数を書きましょう。〔20点〕

80÷4 の計算のしかたを考えます。80 は、10 の □ こ分の数です。80÷4 は、10 が □ ÷ □ ＝ □ で、□ こ分だから、80÷4＝ □ です。

2 93÷3 の計算のしかたを考えます。□にあてはまる数を書きましょう。〔20点〕

93 → 90 と ㋐ □

90÷3＝ ㋑ □

㋒ □ ÷3＝ ㋓ □

あわせて ㋔ □

3 計算をしましょう。1つ10〔40点〕

❶ 50÷5　　❷ 60÷6

❸ 84÷4　　❹ 48÷4

4 70cm の $\frac{1}{7}$ の長さは何cm ですか。1つ10〔20点〕

【式（しき）】

答え（　　　）

答えは 69ページ

かくにん 17

教科書 ㊤ 122～125 ページ

月　　日

10分

11　わり算や分数を考えよう

❶ 大きい数のわり算

❷ 分数とわり算

／100点

1 計算をしましょう。 1つ10〔60点〕

❶ $60 \div 2$　　❷ $90 \div 9$

❸ $62 \div 2$　　❹ $82 \div 2$

❺ $99 \div 3$　　❻ $39 \div 3$

2 80 このあめを 2 人で同じ数ずつ分けます。1 人分は何こになりますか。 1つ6〔12点〕

【式(しき)】

答え（　　　）

3 63 このおはじきを 3 人で同じ数ずつ分けます。1 人分は何こになりますか。 1つ7〔14点〕

【式】

答え（　　　）

4 テープのもとの長さの $\frac{1}{3}$ が 28cm でした。テープのもとの長さは何cm ですか。 1つ7〔14点〕

【式】

答え（　　　）

答えは 69ページ

きほん 18

教科書 ㊦ 3〜10 ページ　　月　日

10分

12 まるい形を調べよう

❶ 円　❷ 球

／100点

1 半径(はんけい) 1cm5mm の円と直径(ちょっけい) 4cm の円をかきましょう。

1つ20〔40点〕

2 コンパスを使(つか)って、下のあのアからイまでの長さをいの直線にうつしとると、ウからどこまでの長さになりますか。

〔15点〕

あ ア　イ

い ウ　エ オ カ キ

(　　　)

3 右の図は、球(きゅう)を半分に切った図です。

1つ15〔45点〕

❶ 球の切り口あは、どんな形をしていますか。(　　　)

❷ いを球の何といいますか。(　　　)

❸ この球の直径を 10cm とすると、いの長さは何cm ですか。(　　　)

あ　い

答えは 69ページ

教科書 ㊦ 3〜10 ページ

月　日

12　まるい形を調べよう

❶ 円　❷ 球

／100点

1 □にあてはまる数を書きましょう。 1つ10〔20点〕

① 半径(はんけい)が 15cm の円の直径(ちょっけい)は □ cm です。

② 直径が 80cm の円の半径は □ cm です。

2 直径が 2cm の円を下のようにならべました。直線アイの長さは、何cm ですか。 〔20点〕

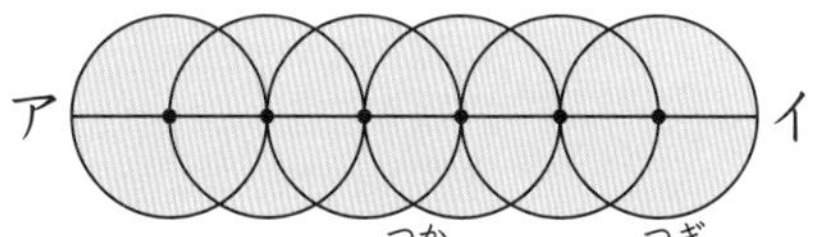

（　　　）

3 コンパスを使(つか)って、次(つぎ)のもようをかきましょう。 1つ20〔40点〕

①

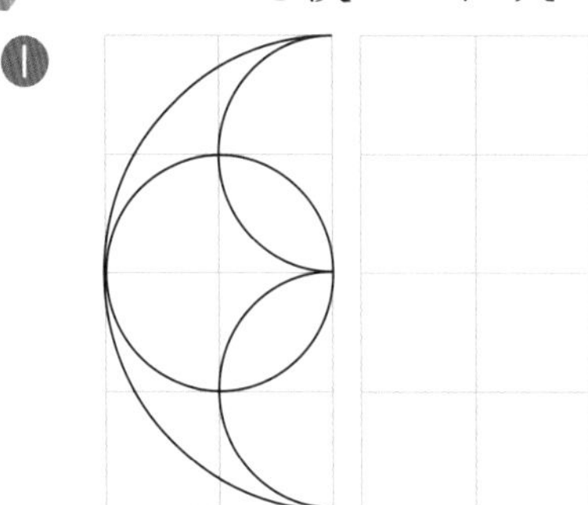

②

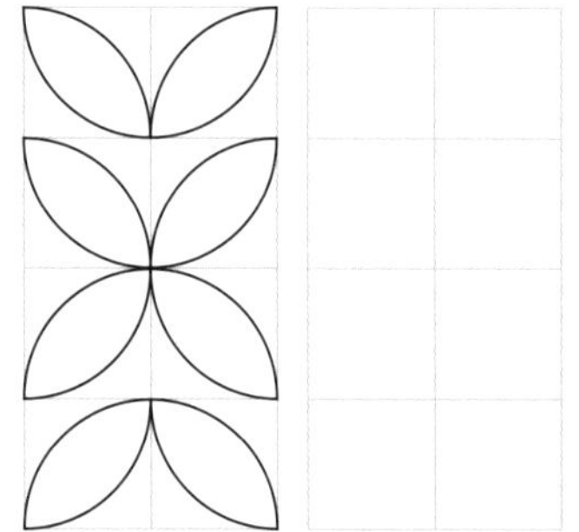

4 右のように、半径 5cm のボールが 6 こぴったり入っている箱(はこ)があります。この箱のたての長さは何cm ですか。 1つ10〔20点〕

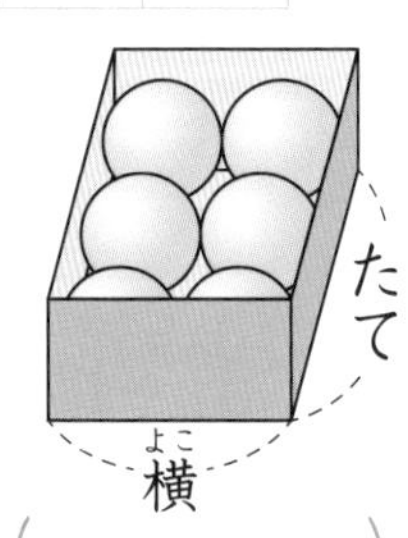

【式(しき)】

答え（　　　）

答えは 69ページ

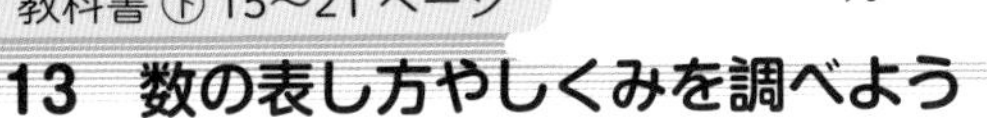

きほん 19

教科書 ㊦ 15〜21 ページ　月　日　10分

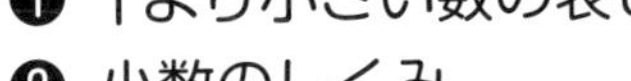

13 数の表し方やしくみを調べよう

❶ 1より小さい数の表し方
❷ 小数のしくみ

／100点

1 右の図は、1Lのますに水を入れたところを表しています。水のかさを小数で表しましょう。〔10点〕

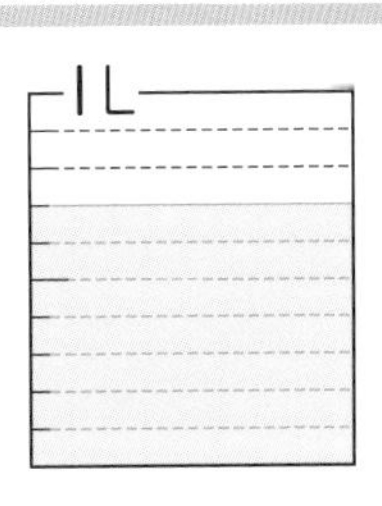

（　　　　）

2 右のテープの長さは何cmですか。〔10点〕

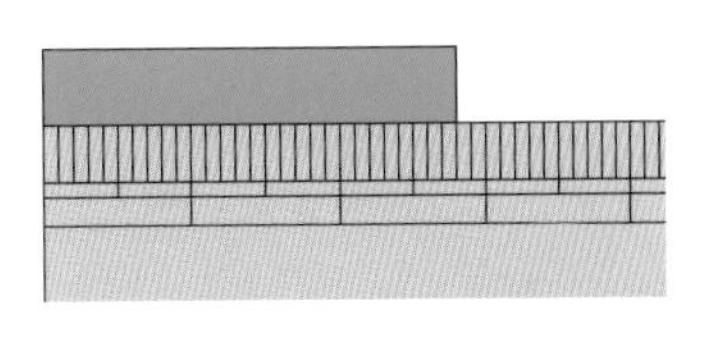

（　　　　）

3 次の数を整数と小数に分けましょう。1つ10〔20点〕

1　1.6　12　3.5　0.9　7.4

整数（　　　　）　小数（　　　　）

4 下の数直線で、㋐〜㋒の数を表すめもりに、↑をかきましょう。1つ10〔30点〕

㋐ 0.7　㋑ 1.9　㋒ 4.8

0　1　2　3　4　5

5 □にあてはまる不等号を書きましょう。1つ10〔30点〕

❶ 0.3 □ 0.5　❷ 6.1 □ 5.9　❸ 1 □ 0.8

答えは69ページ

13　数の表し方やしくみを調べよう
❶ 1より小さい数の表し方
❷ 小数のしくみ

／100点

1 右の図の水のかさについて、小数で答えましょう。　1つ10〔20点〕

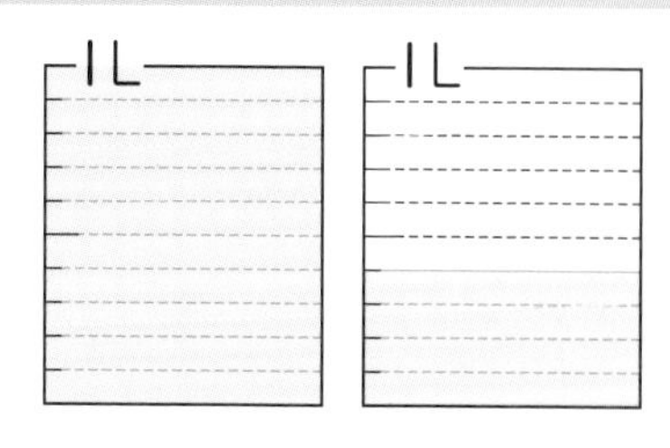

❶ 水のかさは1Lより、何L多いですか。（　　　）

❷ 水のかさは何Lですか。（　　　）

2 下の図で、左のはしから㋐〜㋒までの長さは、それぞれ何cmですか。　1つ10〔30点〕

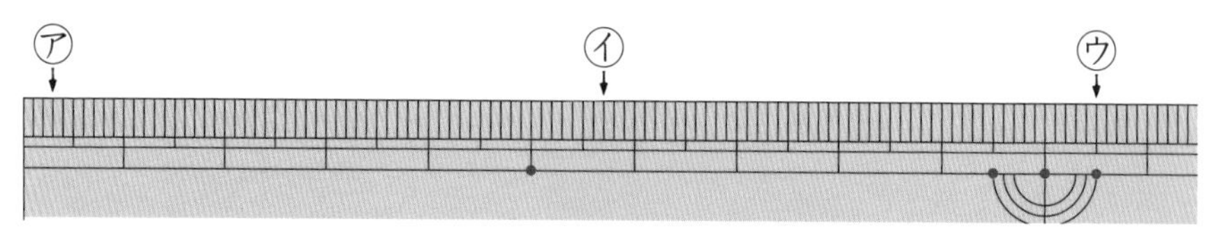

㋐（　　　）　㋑（　　　）　㋒（　　　）

3 右の数直線で、㋐、㋑のめもりが表す数を、小数で書きましょう。　1つ10〔20点〕

0　1　2　3
㋐　㋑

㋐（　　　）　㋑（　　　）

4 □にあてはまる不等号を書きましょう。　1つ10〔30点〕

❶ 0.8 □ 0.7　❷ 0.6 □ 1.2　❸ 1.0 □ 0.1

答えは 69ページ

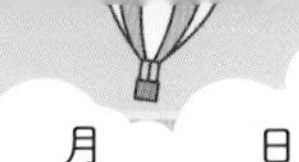

きほん 20

教科書 ㊦ 22～27 ページ　　月　　日　　10分

13　数の表し方やしくみを調べよう

❸ 小数のしくみとたし算、ひき算

❹ 小数のいろいろな見方

／100点

1 計算をしましょう。　1つ7〔42点〕

❶ 0.4＋0.9　　❷ 2.7＋0.3

❸ 3＋0.5　　❹ 1.6－0.1

❺ 1.3－0.6　　❻ 1－0.7

2 計算をしましょう。　1つ7〔42点〕

❶ $\begin{array}{r} 7.2 \\ +\ 2.4 \\ \hline \end{array}$　❷ $\begin{array}{r} 5.7 \\ +\ 1.8 \\ \hline \end{array}$　❸ $\begin{array}{r} 4.6 \\ +\ 3.4 \\ \hline \end{array}$

❹ $\begin{array}{r} 3.2 \\ -\ 1.6 \\ \hline \end{array}$　❺ $\begin{array}{r} 9.1 \\ -\ 7.1 \\ \hline \end{array}$　❻ $\begin{array}{r} 5 \\ -\ 1.9 \\ \hline \end{array}$

3 4.5 はどのような数ですか。□にあてはまる数を書きましょう。　1つ4〔16点〕

❶ 4.5 は、4 と □ をあわせた数です。

❷ 4.5 は、0.1 を □ こ集(あつ)めた数です。

❸ 4.5 は、5 より □ 小さい数です。

❹ 4.5 は、1 を 4 こと 0.1 を □ こあわせた数です。

答えは 69ページ

教科書 ㊦ 22～27 ページ　　月　日

13　数の表し方やしくみを調べよう

❸ 小数のしくみとたし算、ひき算

❹ 小数のいろいろな見方

／100点

1 計算をしましょう。　1つ7〔42点〕

❶ 0.6＋0.8　❷ 3.4＋1.6

❸ 6＋2.3　❹ 1.9－0.9

❺ 2.1－0.5　❻ 2－0.3

2 計算をしましょう。　1つ7〔42点〕

❶ 6.5＋2.9　❷ 3.6＋5.6　❸ 1.2＋4.8

❹ 5.3－2.7　❺ 7.4－3.8　❻ 7－3.7

3 6.7はどのような数ですか。□にあてはまる数を書きましょう。　1つ4〔16点〕

❶ 6.7は、6と□をあわせた数です。

❷ 6.7は、0.1を□こ集(あつ)めた数です。

❸ 6.7は、7より□小さい数です。

❹ 6.7は、1を6こと0.1を□こあわせた数です。

答えは
69ページ

月　　日

14 重さをはかって表そう

❶ 重さのくらべ方

❷ はかりの使い方

／100点

1 Ⅰ円玉Ⅰこの重(おも)さはⅠgです。Ⅰ円玉が次(つぎ)の数だけあるときの重さは何gですか。　1つ12〔24点〕

① 14こ　（　　　）　② 150こ　（　　　）

2 はりのさしている重さは何gですか。　1つ15〔30点〕

①

0　100g　200g　300g　400g　500g　600g　700g　800g　900g　1000g

（　　　）

②

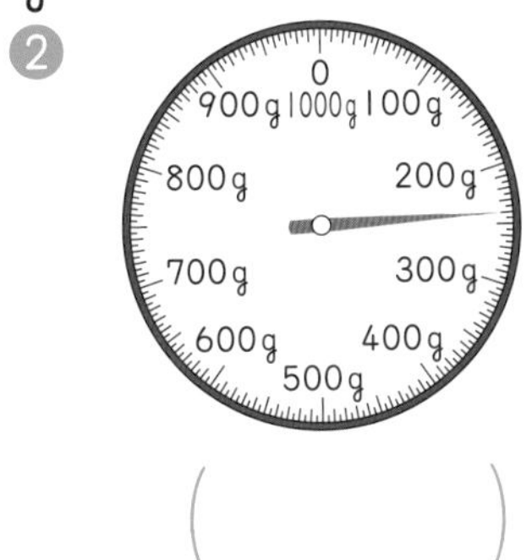

（　　　）

3 （　）にあてはまる、重さのたんいを書きましょう。　1つ12〔24点〕

① えん筆(ぴつ)Ⅰ本の重さ　6（　　　）

② ランドセルの重さ　Ⅰ（　　　）240（　　　）

4 重さ110gの箱(はこ)に、540gの荷物(にもつ)を入れます。全体(ぜんたい)の重さは何gになりますか。　1つ11〔22点〕

【式(しき)】

答え（　　　）

答えは
70ページ

教科書 ㊦ 31～40 ページ

月　　日

14 重さをはかって表そう

❶ 重さのくらべ方

❷ はかりの使い方

／100点

1 □にあてはまる数を書きましょう。 1つ10〔40点〕

❶ 3kg100g=□g　❷ 2kg60g=□g

❸ 1950g=□kg□g

❹ 3080kg=□t□kg

2 重さ(おも) 300g の入れ物(もの)に米を入れてはかったら、右の図のようになりました。 1つ10〔40点〕

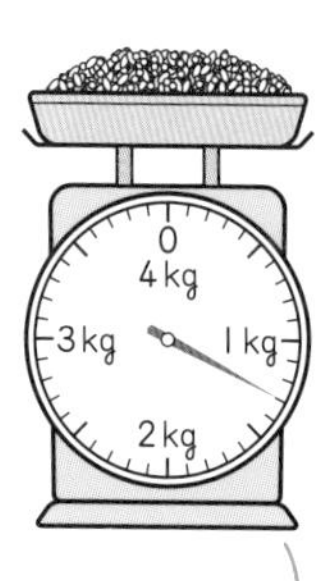

❶ はりのさしている重さは何kg何gですか。

（　　　　）

❷ ❶の重さは何gですか。

（　　　　）

❸ 米だけの重さは何kgですか。

【式(しき)】

答え（　　　　）

3 重さ 2100g の荷物(にもつ)の上に、重さ 800g の荷物をのせます。全体(ぜんたい)の重さは、何kg何gになりますか。 1つ10〔20点〕

【式】

答え（　　　　）

答えは 70ページ

月　日

15 分数を使った大きさの表し方を調べよう

❶ 等分した長さやかさの表し方

／100点

1 1mのテープを4等分(とうぶん)した1こ分の長さを表(あらわ)します。□にあてはまる数を書きましょう。〔20点〕

1m

4等分した1こ分 → $\frac{\square}{\square}$ m

2 色をぬったところの長さは、何mですか。 1つ15〔30点〕

❶ 1m

(　　　)

❷ 1m

(　　　)

3 ジュースを1Lのますではかったら、右の図のようになりました。 1つ15〔30点〕

❶ 1Lのますの1めもりは、何Lを表していますか。 (　　　)

❷ ジュースのかさは、何Lですか。 (　　　)

1L

4 □にあてはまる数を書きましょう。 1つ10〔20点〕

❶ $\frac{4}{5}$ の分子は □ です。

❷ 分母が6で、分子が2の分数は □ です。

答えは 70ページ

教科書 ㊦ 45～48 ページ

月　日

15　分数を使った大きさの表し方を調べよう

❶ 等分した長さやかさの表し方

／100点

1 次(つぎ)の長さの分だけ左はしから色をぬりましょう。1つ15〔30点〕

① $\frac{3}{4}$m

② $\frac{4}{7}$m

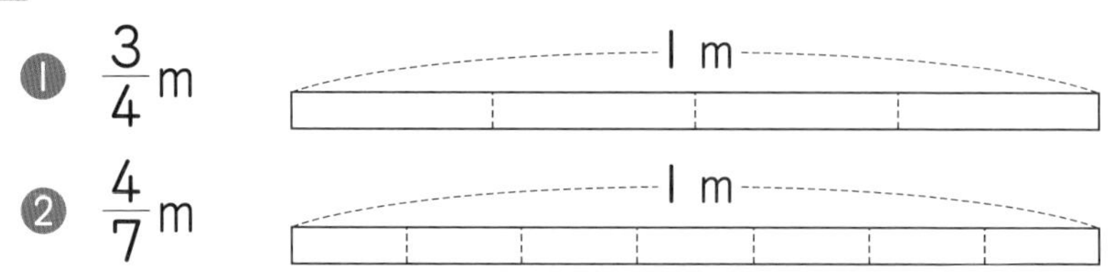

2 □にあてはまる数を書きましょう。1つ15〔30点〕

① 1mを9等分(とうぶん)した3こ分の長さは□mです。

② 1Lを5等分した4こ分のかさは□Lです。

3 色をぬったところの長さは、何mですか。〔20点〕

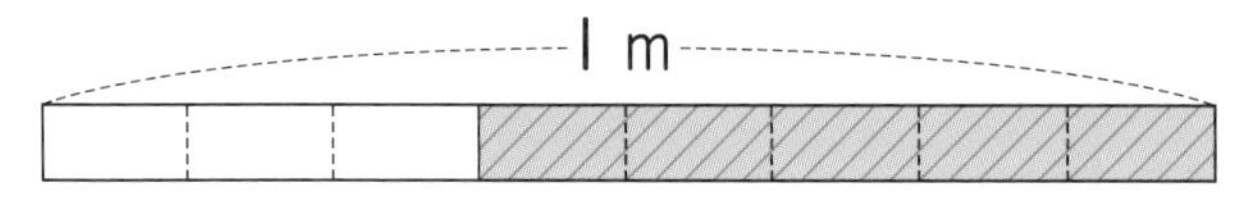

(　　　　)

4 1Lのしょうゆを、6つのびんに6等分して入れました。5つのびんに入っているしょうゆをあわせると、何Lになりますか。〔20点〕

(　　　　)

答えは70ページ

きほん 23

月　　日

15 分数を使った大きさの表し方を調べよう

❷ 分数のしくみ

／100点

1 下の図の㋐～㋒のめもりが表す長さは、それぞれ何mですか。 1つ8〔24点〕

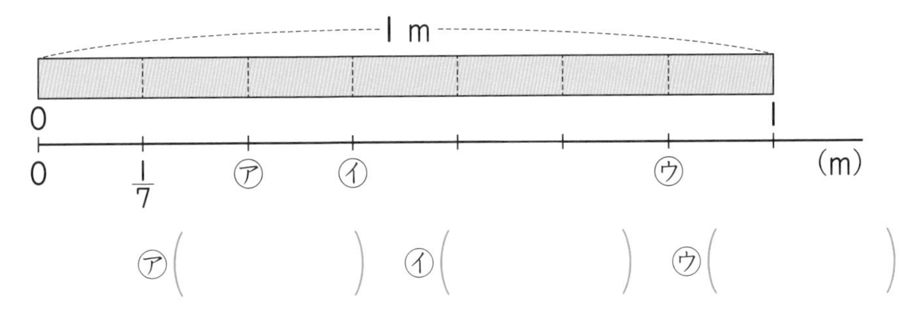

㋐（　　　）　㋑（　　　）　㋒（　　　）

2 $\frac{1}{4}$mの８こ分の長さは何mですか。分数と整数でそれぞれ表しましょう。 1つ6〔12点〕

分数（　　　）　整数（　　　）

3 次の分数は小数で、小数は分数で表しましょう。 1つ8〔32点〕

❶ 0.1（　　　）　❷ $\frac{7}{10}$（　　　）

❸ 1.1（　　　）　❹ $\frac{9}{10}$（　　　）

4 □にあてはまる等号や不等号を書きましょう。 1つ8〔32点〕

❶ $\frac{6}{10}$ □ 0.7　❷ 0.4 □ $\frac{4}{10}$

❸ $\frac{13}{10}$ □ 0.3　❹ 1 □ $\frac{12}{10}$

答えは 70ページ

月　日

15　分数を使った大きさの表し方を調べよう

❷ 分数のしくみ

／100点

1 □にあてはまる数を書きましょう。　1つ10〔30点〕

$\frac{1}{7}$Lの5こ分は□L、7こ分は□L、

9こ分は□Lです。

2 右の数直線を見て、次(つぎ)の問題(もんだい)に答えましょう。　1つ10〔50点〕

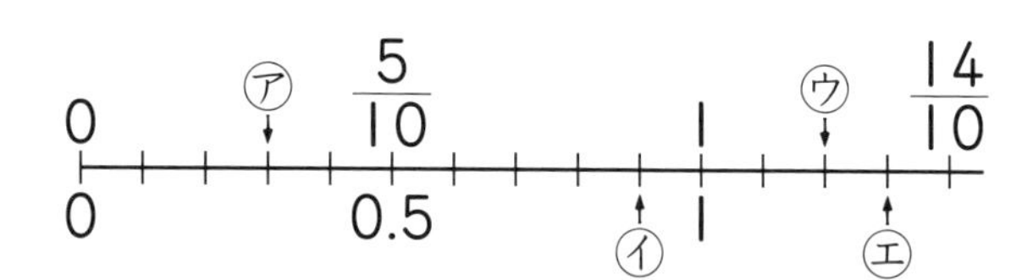

❶ ㋐のめもりが表(あらわ)す分数を書きましょう。（　　　）

❷ ㋑のめもりが表す小数を書きましょう。（　　　）

❸ ㋒のめもりが表す分数を書きましょう。（　　　）

❹ ㋓のめもりが表す小数を書きましょう。（　　　）

❺ $\frac{8}{10}$ を表すめもりに↓をかきましょう。

3 □にあてはまる不等号(ふとうごう)を書きましょう。　1つ10〔20点〕

❶ $\frac{2}{10}$ □ 0　　❷ $\frac{9}{10}$ □ 1.8

答えは70ページ

教科書 ㊦ 53～54 ページ

月　　日

15　分数を使った大きさの表し方を調べよう

❸ 分数のしくみとたし算、ひき算

／100点

1 計算をしましょう。　1つ8〔32点〕

❶ $\frac{1}{3}+\frac{1}{3}$　　❷ $\frac{1}{4}+\frac{3}{4}$

❸ $\frac{3}{7}+\frac{2}{7}$　　❹ $\frac{9}{10}+\frac{1}{10}$

2 ジュースがコップに $\frac{1}{9}$L、紙パックに $\frac{7}{9}$L 入っています。あわせて何L ありますか。　1つ9〔18点〕

【式(しき)】

答え（　　　　）

3 計算をしましょう。　1つ8〔32点〕

❶ $\frac{4}{6}-\frac{1}{6}$　　❷ $\frac{5}{8}-\frac{3}{8}$

❸ $1-\frac{1}{3}$　　❹ $1-\frac{5}{9}$

4 ジュースが $\frac{6}{7}$L あります。$\frac{2}{7}$L 飲(の)むと、のこりは何L になりますか。　1つ9〔18点〕

【式】

答え（　　　　）

答えは
70ページ

教科書 ㊦ 53～54 ページ

月　　日

15　分数を使った大きさの表し方を調べよう
❸ 分数のしくみとたし算、ひき算

／100点

1 計算をしましょう。　1つ8〔32点〕

❶ $\frac{2}{6}+\frac{1}{6}$　　❷ $\frac{2}{5}+\frac{3}{5}$

❸ $\frac{5}{9}+\frac{3}{9}$　　❹ $\frac{5}{8}+\frac{3}{8}$

2 赤のリボンが $\frac{5}{12}$ m、青のリボンが $\frac{7}{12}$ m あります。2本のリボンの長さは、あわせて何mですか。　1つ9〔18点〕

【式(しき)】

答え（　　　）

3 計算をしましょう。　1つ8〔32点〕

❶ $\frac{4}{9}-\frac{2}{9}$　　❷ $\frac{7}{10}-\frac{3}{10}$

❸ $1-\frac{1}{7}$　　❹ $1-\frac{4}{5}$

4 赤のリボンが $\frac{7}{8}$ m、青のリボンが $\frac{5}{8}$ m あります。2本のリボンの長さのちがいは何mですか。　1つ9〔18点〕

【式】

答え（　　　）

答えは 70ページ

16　□を使って場面を式に表そう

／100点

1 公園で子どもが 18 人遊んでいました。何人か来たので、全部で 27 人になりました。何人来ましたか。来た人数を□人として、たし算の式に表し、□にあてはまる数をもとめましょう。

1つ10〔20点〕

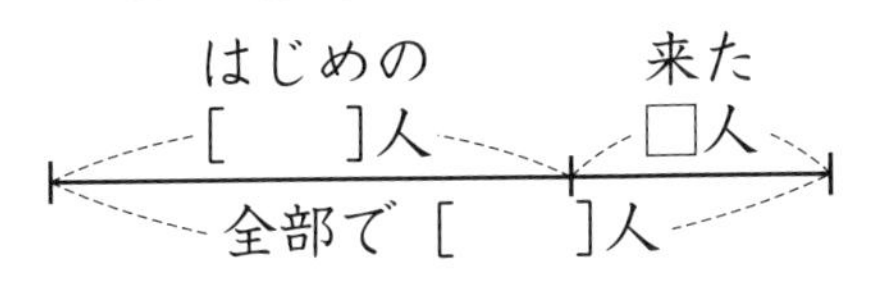

式（　　　　　　）

答え（　　　　　　）

2 同じ数ずつ、7 人にみかんをくばったら、全部で 56 こいりました。1 人分は何こですか。1 人分の数を□こととして、かけ算の式に表し、□にあてはまる数をもとめましょう。

1つ10〔20点〕

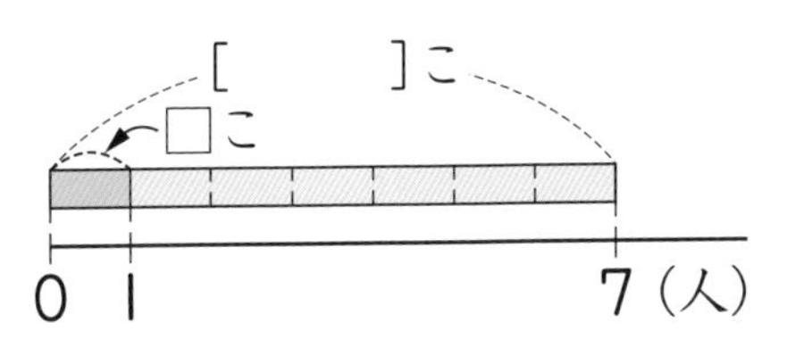

式（　　　　　　）

答え（　　　　　　）

3 □にあてはまる数を書きましょう。

1つ10〔60点〕

❶ 23＋□＝50　　❷ □－13＝48

❸ 560－□＝470　　❹ 6×□＝54

❺ □×8＝48　　❻ □÷3＝9

答えは 71ページ

月　日

16　□を使って場面を式に表そう

／100点

1 色紙を何まいか持(も)っています。妹に 25 まいあげると、のこりは 38 まいになりました。はじめに何まい持っていましたか。はじめに持っていた数を□まいとして、ひき算の式(しき)に表(あらわ)し、□にあてはまる数をもとめましょう。　1つ10〔20点〕

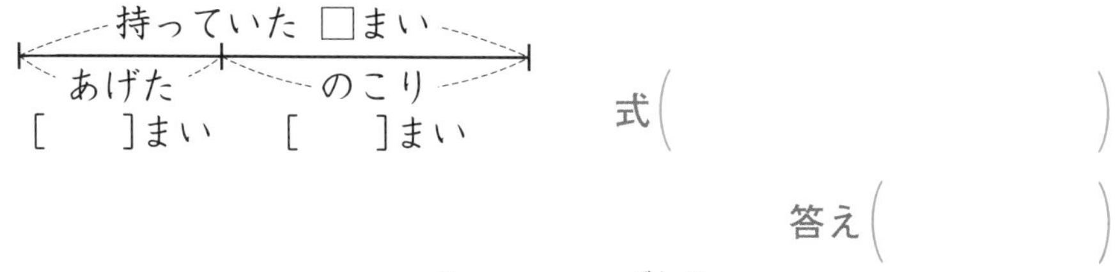

式(　　　　　)

答え(　　　　　)

2 1台の車に4人ずつ乗(の)ったら、全部(ぜんぶ)で36人が乗れました。車は何台ありましたか。車の台数を□台として、かけ算の式に表し、□にあてはまる数をもとめましょう。　1つ10〔20点〕

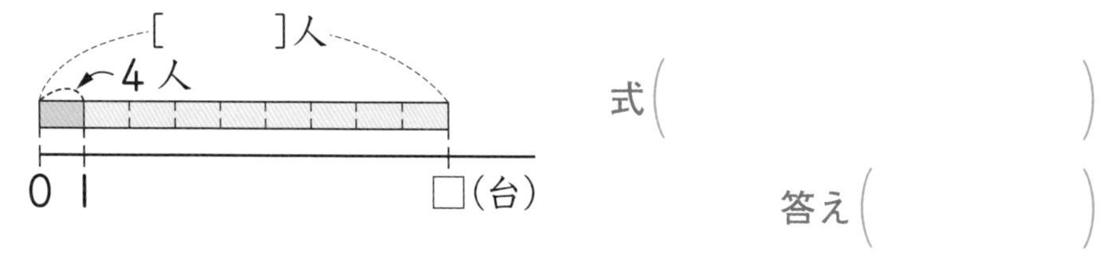

式(　　　　　)

答え(　　　　　)

3 □にあてはまる数を書きましょう。　1つ10〔60点〕

❶ 423＋□＝671　❷ 103－□＝77

❸ □－369＝485　❹ □×7＝63

❺ 9×□＝72　❻ 28÷□＝4

答えは 71ページ

月　日

17 かけ算の筆算を考えよう

❶ 何十をかける計算

❷ 2けたの数をかける計算 ①

／100点

1 計算をしましょう。 1つ8〔32点〕

① 3×30　② 4×50

③ 50×60　④ 60×40

2 計算をしましょう。 1つ8〔48点〕

① $\begin{array}{r} 14 \\ \times\ 32 \\ \hline \end{array}$　② $\begin{array}{r} 20 \\ \times\ 23 \\ \hline \end{array}$　③ $\begin{array}{r} 31 \\ \times\ 23 \\ \hline \end{array}$

④ $\begin{array}{r} 42 \\ \times\ 36 \\ \hline \end{array}$　⑤ $\begin{array}{r} 64 \\ \times\ 43 \\ \hline \end{array}$　⑥ $\begin{array}{r} 87 \\ \times\ 24 \\ \hline \end{array}$

3 1さつ73円のノートを12さつ買います。代金(だいきん)はいくらですか。 1つ10〔20点〕

【式(しき)】

答え（　　　　）

答えは 71ページ

教科書 ㊦ 65〜69 ページ

月　日

17　かけ算の筆算を考えよう

❶ 何十をかける計算

❷ 2けたの数をかける計算 ①

／100点

1 計算をしましょう。　1つ9〔72点〕

❶ 8×70　　❷ 20×50

❸ 21×35　　❹ 18×12

❺ 86×43　　❻ 67×28

❼ 65×74　　❽ 42×77

2 1たば30まいの色紙が21たばあります。色紙は全部(ぜんぶ)で何まいありますか。　1つ7〔14点〕

【式(しき)】

答え（　　　　）

3 お楽しみ会のために、1こ85円のおかしを34こ買います。代金(だいきん)はいくらですか。　1つ7〔14点〕

【式】

答え（　　　　）

答えは 71ページ

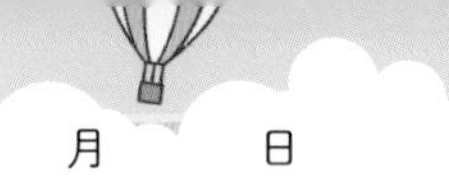

教科書 ㊦ 70〜72 ページ　　月　　日

17　かけ算の筆算を考えよう

❷ 2けたの数をかける計算 ②

❸ 暗算

／100点

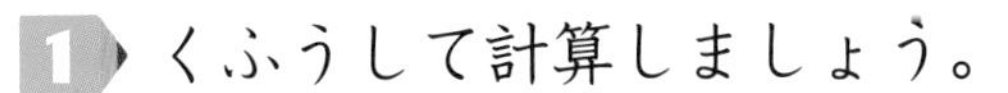

1 くふうして計算しましょう。　1つ6〔24点〕

❶ 37×40　　❷ 2×69

❸ 64×80　　❹ 7×36

2 計算をしましょう。　1つ10〔60点〕

❶ 312×31　　❷ 515×48　　❸ 634×79

❹ 507×34　　❺ 806×87　　❻ 908×50

3 23×4 を暗算（あんざん）で計算します。□にあてはまる数を書きましょう。　〔16点〕

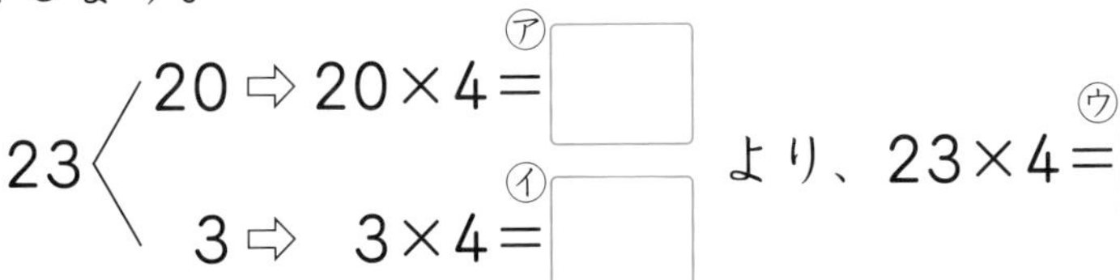

答えは 71ページ

教科書 ㊦ 70～72 ページ

月　　日

17　かけ算の筆算を考えよう

❷ 2けたの数をかける計算 ②

❸ 暗算

／100点

1 計算をしましょう。　　1つ9〔54点〕

❶ 123×45　　❷ 468×57

❸ 906×63　　❹ 708×70

❺ 437×44　　❻ 130×21

2 1本105円のえん筆(ぴつ)を24本買います。代金(だいきん)はいくらですか。　　1つ9〔18点〕

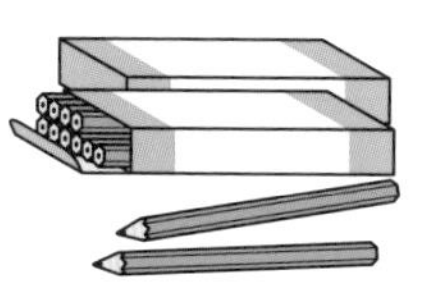

【式(しき)】

答え（　　　　）

3 暗算(あんざん)で計算しましょう。　　1つ7〔28点〕

❶ 22×3　　❷ 25×20

❸ 420×2　　❹ 25×80

答えは 71ページ

月　　日

倍の計算

／100点

1 黄色の花が 9 本あります。赤い花の本数は、黄色の花の本数の 4 倍(ばい)です。赤い花は何本ありますか。　1つ15〔30点〕

【式(しき)】

答え（　　　　）

2 青いリボンの長さは 7cm です。赤いリボンの長さは 42cm です。赤いリボンの長さは、青いリボンの長さの何倍ですか。　1つ15〔30点〕

【式】

答え（　　　　）

3 あゆみさんは、あきこさんの 7 倍の 56 このおはじきを持(も)っています。　1つ20〔40点〕

❶ あきこさんの持っているおはじきの数を□として、かけ算の式に表(あらわ)しましょう。

（　　　　　　　）

❷ あきこさんは何このおはじきを持っていますか。

（　　　　）

答えは 72ページ

月　　日

倍の計算

／100点

1 ななこさんとゆかさんとひかりさんは、なわとびの二重（にじゅう）とびをしました。ななこさんがとんだ回数は 30 回で、ゆかさんの 5 倍（ばい）です。また、ひかりさんがとんだ回数は、ななこさんの 2 倍です。　1つ12〔72点〕

❶ ひかりさんは、何回とびましたか。

【式（しき）】

答え（　　　）

❷ ゆかさんは、何回とびましたか。

【式】

答え（　　　）

❸ ひかりさんは、ゆかさんの何倍とびましたか。

【式】

答え（　　　）

2 兄さんの体重は、けいとさんの体重の 2 倍で 48kg です。けいとさんの体重は何kg ですか。　1つ14〔28点〕

【式】

答え（　　　）

答えは 72ページ

教科書 下 81～91 ページ　　月　　日

18 三角形を調べよう

❶ 二等辺三角形と正三角形

❷ 三角形と角

／100点

1 下の図で、二等辺三角形と正三角形をえらび、記号で答えましょう。　1つ20〔40点〕

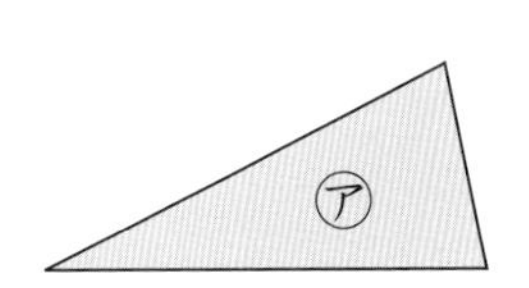
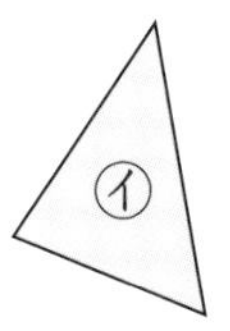
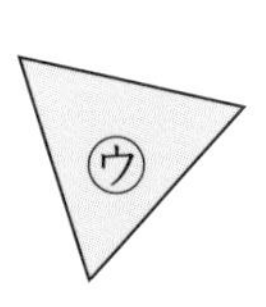
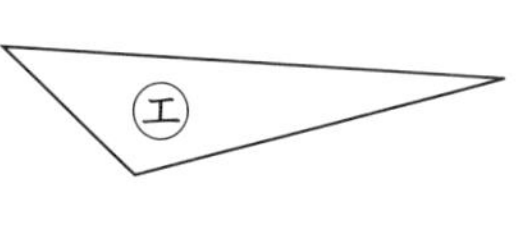

二等辺三角形（　　　　）　正三角形（　　　　）

2 次の三角形をかきましょう。　1つ20〔40点〕

❶ 1辺の長さが3cmの正三角形

❷ 辺の長さが3cm、4cm、3cmの二等辺三角形

3 下の角の大きさをくらべて、大きいじゅんに記号で答えましょう。　〔20点〕

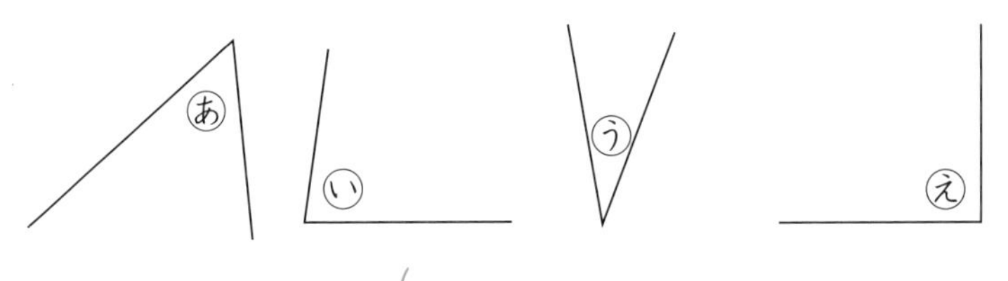

（　　→　　→　　→　　）

答えは72ページ

月　　日

18　三角形を調べよう

❶ 二等辺三角形と正三角形
❷ 三角形と角

／100点

1 右の円の、半径（はんけい）は 2cm で、アの点は中心です。 1つ20〔60点〕

❶　㋐は何という三角形ですか。

（　　　　　　）

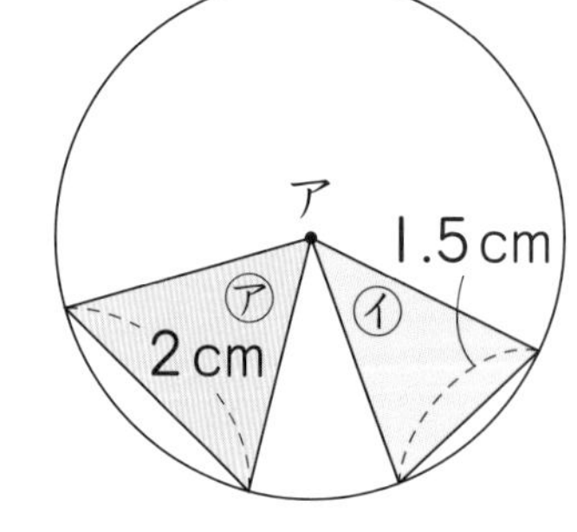

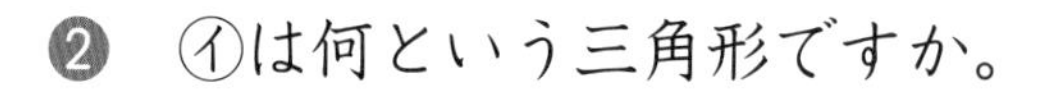

❷　㋑は何という三角形ですか。

（　　　　　　）

❸　図の中に、辺（へん）の長さが 2cm、3cm、2cm の三角形をかきましょう。

2 2つの三角じょうぎの角の大きさをくらべます。 1つ10〔40点〕

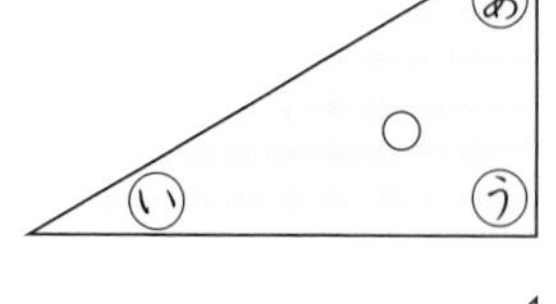

❶　㋐の角と㋕の角はどちらが大きいですか。

（　　　　　　）

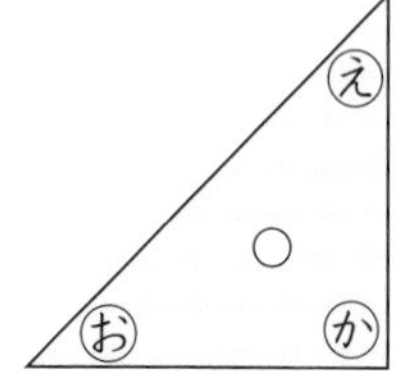

❷　㋑の角と㋓の角はどちらが大きいですか。

（　　　　　　）

❸　㋒の角と同じ大きさの角はどれですか。

（　　　　　　）

❹　㋐〜㋓の角の大きさをくらべて、大きいじゅんに記号（きごう）で答えましょう。

（　　　→　　　→　　　→　　　）

答えは 72ページ

月　　日

そろばん

／100点

1 そろばんの部分(ぶぶん)の名前を書きましょう。 1つ3〔18点〕

❶（　　　）　❷（　　　）　❸（　　　）

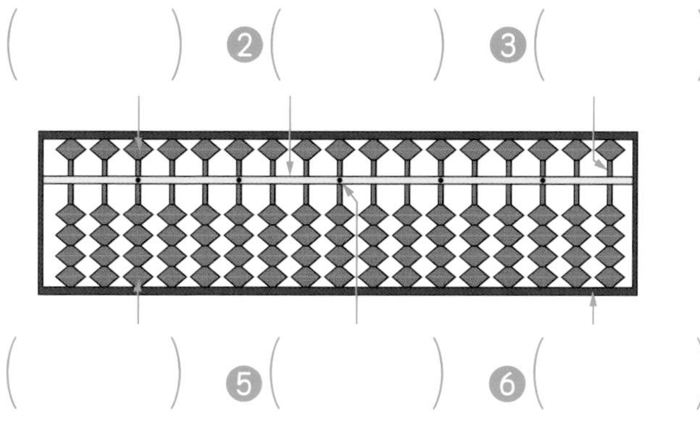

❹（　　　）　❺（　　　）　❻（　　　）

2 そろばんに入れた数を、数字で書きましょう。 1つ6〔18点〕

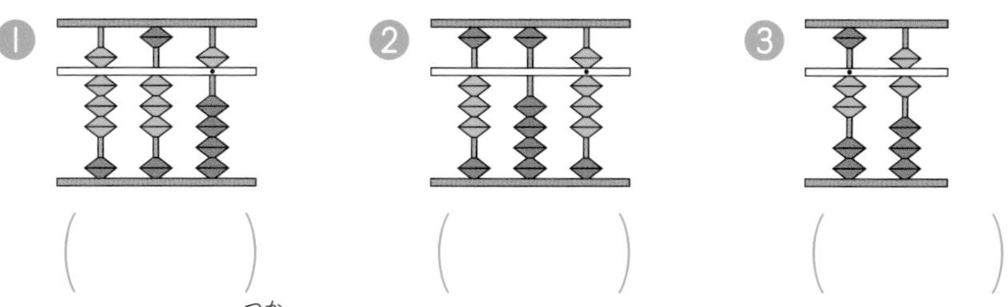

❶（　　　）　❷（　　　）　❸（　　　）

3 そろばんを使(つか)って、計算をしましょう。 1つ8〔64点〕

❶ 72＋25　❷ 35＋54　❸ 76－25

❹ 63－52　❺ 1.6＋0.2　❻ 1.9－0.5

❼ 3万＋5万　❽ 7万－6万

答えは
72ページ

月　　日

そろばん

／100点

1 次(つぎ)は、そろばんで計算するときの数の入れ方、取(と)り方を書いたものです。□にあてはまる数を書きましょう。

1つ10〔20点〕

❶ 80＋37…30 をたすには、□ を取って、□ を入れます。次に 37 の 7 を入れます。

❷ 60−46…40 をひくには、□ を入れて、□ を取ります。次に 46 の 6 をひくには、10 を取って、□ を入れます。

2 そろばんを使(つか)って、計算をしましょう。　1つ8〔80点〕

❶ 31＋56

❷ 62＋17

❸ 66−32

❹ 89−46

❺ 90＋54

❻ 80−49

❼ 1.3＋0.6

❽ 3.7−0.4

❾ 6万＋3万

❿ 8万−4万

答えは 72ページ

月　　日

10分

3年のふくしゅう
力だめし ①

／100点

1 計算をしましょう。 1つ6〔24点〕

❶ 521－354　　❷ 700×10

❸ 46×34　　❹ 67÷7

2 □にあてはまる数を書きましょう。 1つ8〔24点〕

❶ 分母が7、分子が3の分数は、□です。

❷ $\frac{1}{8}$mの5こ分の長さは、□mです。

❸ $\frac{1}{7}$Lの14こ分のかさは、□Lです。

3 □にあてはまる等号(とうごう)、不等号(ふとうごう)を書きましょう。 1つ7〔28点〕

❶ 41988 □ 42210　　❷ 1.3 □ 0.9

❸ $\frac{5}{8}$ □ $\frac{3}{8}$　　❹ 0.3 □ $\frac{3}{10}$

4 計算をしましょう。 1つ6〔24点〕

❶ 4.2＋3.6　　❷ 5.3－0.7

❸ $\frac{5}{11}+\frac{6}{11}$　　❹ $1-\frac{6}{8}$

答えは 72ページ

3年のふくしゅう
力だめし ②

／100点

1 百万を8こ、十万を7こ、千を9こあわせた数を、数字で書きましょう。〔12点〕

（ ）

2 右のように、箱に同じ大きさのボールが2こぴったり入っています。ボールの半径は何cmですか。1つ8〔16点〕

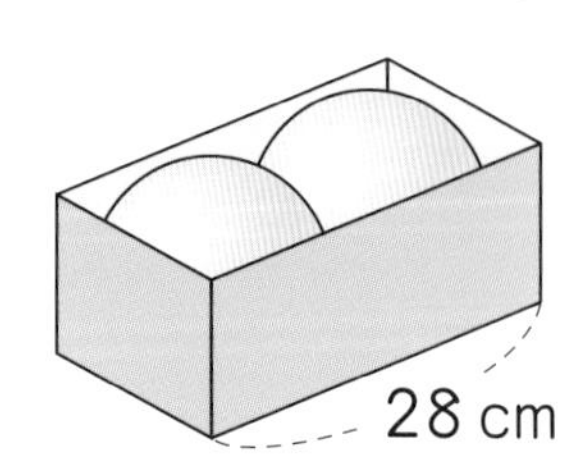

【式】

答え（ ）

3 □にあてはまる数を書きましょう。1つ12〔48点〕

❶ 3時間＝□分　❷ 4分＝□秒

❸ 3km＝□m　❹ 2kg＝□g

4 右の表は、2年生と3年生がどの町から通学しているかを調べたものです。1つ12〔24点〕

町べつの人数調べ　（人）

学年＼町	東町	西町	南町	北町	合計
2年	22	15	9	12	
3年	17	13	14	15	
合計					

❶ 表のあいているところに、あてはまる数を書きましょう。

❷ 3年生の合計は、何人ですか。（ ）

答えは 72ページ

1 3・4ページ

1 ❶㋐ 6 ㋑ 30 ㋒ 42 ❷ 6
2 ❶ 6 ❷ 9 ❸ 3 ❹ 5
❺ 7 ❻ 5
3 ❶ 0 ❷ 0 ❸ 0
4 ❶ 9 ❷ 7

★ ★ ★

1 ❶㋐ 10 ㋑ 5 ㋒ 25 ㋓ 35
❷㋐ 16 ㋑ 5 ㋒ 40 ㋓ 56
2 ❶㋐ 20 ㋑ 6 ㋒ 30 ㋓ 50
❷㋐ 8 ㋑ 10 ㋒ 20 ㋓ 28
❸ 90 ❹ 70
3 ❶ 0 ❷ 0 ❸ 0
4 ❶ 8 ❷ 9

2 5・6ページ

1 ❶ 3時40分 ❷ 2時15分
❸ 35分
2 ❶ 1、50 ❷ 200 ❸ 1、15
❹ 125
3 ❶ 時間 ❷ 分 ❸ 秒(びょう)

★ ★ ★

1 ❶ 8時30分 ❷ 45分
2 ❶ 1時間30分 ❷ 2時間40分
❸ 4分10秒
3 ❶ 1、39 ❷ 186
❸ 2、3 ❹ 257

3 7・8ページ

1 [18]÷3=[6] 答え 6こ
2 ❶ 4 ❷ 6
3 ❶ 6 ❷ 4 ❸ 4 ❹ 4
❺ 4 ❻ 9
4 35÷5=7 答え 7cm

★ ★ ★

1 ❶ 24÷3 ❷ 3 ❸ 8こ
2 ❶ 8 ❷ 3 ❸ 8 ❹ 3
❺ 5 ❻ 9
3 42÷7=6 答え 6こ
4 36÷4=9 答え 9人

4 9・10ページ

1 [30]÷6=[5] 答え 5本
2 63÷7=9 答え 9人
3 56÷8=7 答え 7つ
4 ❶ 0 ❷ 0 ❸ 1 ❹ 1
❺ 6 ❻ 8

★ ★ ★

1 ❶ 54÷6 ❷ 6 ❸ 9人
2 【れい】 25まいのカードを、

1人に5まいずつ分けると、何人に分けられますか。

3 ❶ 9÷9=1　答え 1こ
❷ 0÷9=0　答え 0こ

5　11・12ページ

1 ❶ 897　❷ 329　❸ 942
❹ 604　❺ 1251　❻ 1041
❼ 1217　❽ 724　❾ 291
❿ 643　⓫ 368　⓬ 325
⓭ 794　⓮ 124

2 395+516=911
答え 911人

★★★

1 ❶ 731　❷ 708　❸ 862
❹ 702　❺ 1004　❻ 536
❼ 402　❽ 257　❾ 881
❿ 946

2 ❶ 1000−880=120
答え 120円
❷ 120、1000

6　13・14ページ

1 ❶ 7641　❷ 2695

2 ❶ 6912　❷ 5000
❸ 9125　❹ 6000
❺ 2606　❻ 5595
❼ 2637　❽ 378

3 1287+3406=4693
答え 4693人

★★★

1 ❶ 9281　❷ 5887

2 ❶ 9005　❷ 6047
❸ 8032　❹ 8351
❺ 2783　❻ 7094
❼ 309　❽ 7979

3 5087−3750=1337
答え 兄さんが1337円多く持っている。

7　15・16ページ

1 ㋐ 2cm　㋑ 78cm
㋒ 1m4cm　㋓ 1m15cm

2 ❶ 800m、900m
❷ 1300m、1km300m

3 ❶ 6　❷ 1150

★★★

1 ❶ km　❷ cm、mm

2 ㋐ 16m95cm　㋑ 17m67cm
㋒ 18m5cm

3 ❶ 4、705　❷ 2、90

4 ❶ 1km600m　❷ 1km200m

8　17・18ページ

1 店の数

店	数(けん)
食べ物屋	9
薬局	6
コンビニエンスストア	4
パン屋	3
病院	7
その他	3
合計	32

2 ❶ 1人　❷ 34人

★★★

1

すきな色調べ

色	人数(人)
赤	6
青	5
黄	5
緑	3
だいだい	4
その他	2
合計	25

2

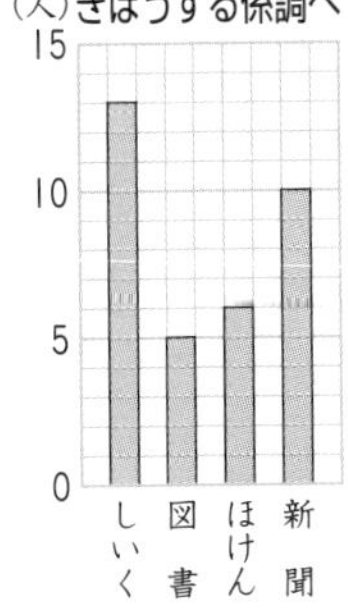

9　19・20ページ

1 ❶ 70点　❷ 25m
❸ 700円

2 ❶ 6人
❷㋐ 17　㋑ 11　㋒ 9
㋓ 34

★★★

1

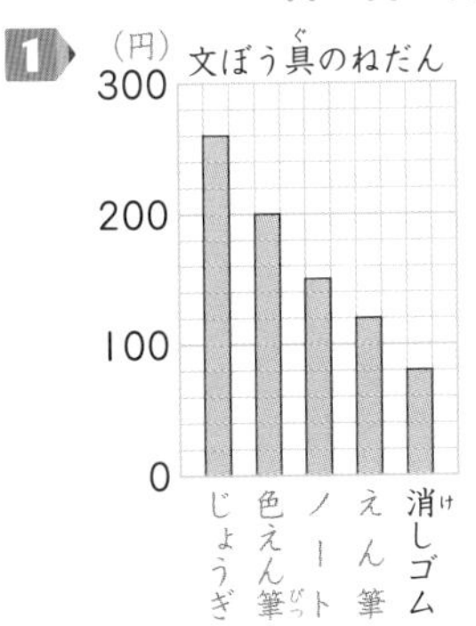

2 ㋐ 9　㋑ 6　㋒ 12
㋓ 5　㋔ 21　㋕ 54

10　21・22ページ

1 50、50、1、51

2 ❶ 42　❷ 31　❸ 23　❹ 12

3 50、50、2、48

4 ❶ 88　❷ 59　❸ 67　❹ 78

★★★

1 ❶㋐ 7　㋑ 8　㋒ 7　㋓ 8
㋔ 15　㋕ 15　㋖ 85
❷ 50、50、87、2、85

2 ❶ 88　❷ 80　❸ 73　❹ 72
❺ 52　❻ 42　❼ 5　❽ 74

11　23・24ページ

1 ❶ [14]÷[4]=[3] あまり [2]
答え 3箱できて、2こあまる。
❷ 4×[3]+[2]=[14]

2 ❶ 2あまり1　❷ 7あまり1
❸ 6あまり4　❹ 7あまり5
❺ 8あまり1　❻ 4あまり4
❼ 5あまり3　❽ 4あまり3
❾ 8あまり6　❿ 5あまり2
⓫ 5あまり2　⓬ 9あまり2

★★★

1 ❶ 8あまり2　❷ 8あまり4

2 ㋒

3 ❶ 9あまり1　❷ 4あまり1
❸ 9あまり1　❹ 3あまり5

4 27÷6=4 あまり 3
答え 4人に分けられて、3こあまる。
たしかめ 6×4+3=27

12　25・26ページ

1 45÷6=7 あまり 3
7+1=8　答え 8こ

2 28÷5=5 あまり 3
5+1=6　答え 6こ

3 67÷7=9 あまり 4
9+1=10　　答え 10 箱

4 22÷3=7 あまり 1　　答え 7 こ

★ ★ ★

1 ❶ 33÷4=8 あまり 1
8+1=9　　答え 9 こ
❷ 4×9=36
36−33=3
または、4−1=3　　答え 3 人

2 78÷9=8 あまり 6　　答え 8 こ

3 26÷4=6 あまり 2　答え 6 まい

13　27・28ページ

1 ❶㋐ 3　㋑ 8
❷ 千万の位

2 ❶ 692758　❷ 6200000

3 ㋐ 3000　㋑ 35000
㋒ 58000

4 ❶ >　❷ <　❸ =　❹ <

★ ★ ★

1 ❶ 二十七万五百
❷ 千八百二万七百五

2 ❶ 35000
❷ 100000000

3 0　10000　20000　30000　40000　50000　60000
19000　31000　56000

4 ❶ 200000　❷ 70000
❸ 23

14　29・30ページ

1 ❶ 0、300
❷ 450、4500、45000
❸ 0、30　❹ 12

2 ❶ 680　❷ 4560　❸ 7400
❹ 810000　❺ 8　❻ 93

★ ★ ★

1 ❶ 10 倍…5400　100 倍…54000
1000 倍…540000　10 でわる…54
❷ 10 倍…7000　100 倍…70000
1000 倍…700000　10 でわる…70

2 4×100=400
400÷10=40　　答え 40

3 10×8=80
80×10=800　　答え 800

15　31・32ページ

1 ❶ 4、4、8、8、80
❷ 4、4、8、8、800

2 ❶㋐ 30　㋑ 60　㋒ 64
❷ 6、2　❸ 5
❹ 1、3

★ ★ ★

1 ❶ 450　❷ 200
❸ 2100　❹ 3000
❺ 96　❻ 350
❼ 372　❽ 108
❾ 280　❿ 632

2 75×7=525　　答え 525 円

3 16×9=144
144+6=150　　答え 150 こ

16　33・34ページ

1 ❶㋐ 100　㋑ 300　㋒ 20
㋓ 60　㋔ 369
❷ 874　❸ 1826
❹ 1722

2 ❶ 2　❷ 5

3 162×3＝486　答え 486円

★★★

1 ❶ 1596　❷ 2454
❸ 1314　❹ 1512
❺ 7144　❻ 1967
❼ 3020　❽ 1450
❾ 3828

2 635×3＝1905　答え 1905円

3 135×2×5＝1350
答え 1350円

17　35・36ページ

1 8、8、4、2、2、20

2 ㋐ 3　㋑ 30　㋒ 3
㋓ 1　㋔ 31

3 ❶ 10　❷ 10　❸ 21
❹ 12

4 70÷7＝10　答え 10cm

★★★

1 ❶ 30　❷ 10　❸ 31
❹ 41　❺ 33　❻ 13

2 80÷2＝40　答え 40こ

3 63÷3＝21　答え 21こ

4 28×3＝84　答え 84cm

18　37・38ページ

1
1cm 5mm　4cm

2 カ

3 ❶ 円　❷ 半径（はんけい）　❸ 5cm

★★★

1 ❶ 30　❷ 40

2 7cm　3 しょうりゃく

4 5×2＝10　10×3＝30
答え 30cm

19　39・40ページ

1 0.7L

2 2.8cm

3 整数（せいすう）…1、12
小数…1.6、3.5、0.9、7.4

4 0　1　2　3　4　5
㋐　㋑　㋒

5 ❶ <　❷ >　❸ >

★★★

1 ❶ 0.4L　❷ 1.4L

2 ㋐ 0.3cm　㋑ 5.7cm
㋒ 10.5cm

3 ㋐ 0.9　㋑ 2.7

4 ❶ >　❷ <　❸ >

20　41・42ページ

1 ❶ 1.3　❷ 3　❸ 3.5
❹ 1.5　❺ 0.7　❻ 0.3

2 ❶ 9.6　❷ 7.5　❸ 8
❹ 1.6　❺ 2　❻ 3.1

3 ❶ 0.5　❷ 45　❸ 0.5
❹ 5

★★★

1 ❶ 1.4　❷ 5　❸ 8.3
❹ 1　❺ 1.6　❻ 1.7

2 ❶ 9.4　❷ 9.2　❸ 6
❹ 2.6　❺ 3.6　❻ 3.3

3 ❶ 0.7　❷ 67　❸ 0.3
❹ 7

21
43・44ページ

1 ❶ 14g　❷ 150g
2 ❶ 720g　❷ 240g
3 ❶ g　❷ kg、g
4 110g+540g=650g　答え 650g

☆☆☆

1 ❶ 3100　❷ 2060
❸ 1、950　❹ 3、80
2 ❶ 1kg300g
❷ 1300g
❸ 1300g−300g=1000g
答え 1kg
3 2100g+800g=2900g
答え 2kg900g

22
45・46ページ

1 $\frac{1}{4}$m

2 ❶ $\frac{1}{7}$m　❷ $\frac{5}{9}$m

3 ❶ $\frac{1}{3}$L　❷ $\frac{2}{3}$L

4 ❶ 4　❷ $\frac{2}{6}$

☆☆☆

1 ❶
❷

2 ❶ $\frac{3}{9}$　❷ $\frac{4}{5}$

3 $\frac{5}{8}$m

4 $\frac{5}{6}$L

23
47・48ページ

1 ㋐ $\frac{2}{7}$m　㋑ $\frac{3}{7}$m　㋒ $\frac{6}{7}$m

2 分数…$\frac{8}{4}$m　整数(せいすう)…2m

3 ❶ $\frac{1}{10}$　❷ 0.7　❸ $\frac{11}{10}$
❹ 0.9

4 ❶ <　❷ =　❸ >　❹ <

☆☆☆

1 $\frac{5}{7}$、1、$\frac{9}{7}$

2 ❶ $\frac{3}{10}$　❷ 0.9　❸ $\frac{12}{10}$
❹ 1.3
❺ 0　$\frac{5}{10}$　↓　1　$\frac{14}{10}$
0　0.5　1

3 ❶ >　❷ <

24
49・50ページ

1 ❶ $\frac{2}{3}$　❷ 1　❸ $\frac{5}{7}$　❹ 1

2 $\frac{1}{9}+\frac{7}{9}=\frac{8}{9}$　答え $\frac{8}{9}$L

3 ❶ $\frac{3}{6}$　❷ $\frac{2}{8}$　❸ $\frac{2}{3}$　❹ $\frac{4}{9}$

4 $\frac{6}{7}-\frac{2}{7}=\frac{4}{7}$　答え $\frac{4}{7}$L

☆☆☆

1 ❶ $\frac{3}{6}$　❷ 1　❸ $\frac{8}{9}$　❹ 1

2 $\frac{5}{12}+\frac{7}{12}=1$ 答え 1m

3 ❶ $\frac{2}{9}$ ❷ $\frac{4}{10}$ ❸ $\frac{6}{7}$ ❹ $\frac{1}{5}$

4 $\frac{7}{8}-\frac{5}{8}=\frac{2}{8}$ 答え $\frac{2}{8}$m

25 51・52ページ

1 式 18＋□＝27 答え 9

2 式 □×7＝56 答え 8

3 ❶ 27 ❷ 61 ❸ 90 ❹ 9 ❺ 6 ❻ 27

★ ★ ★

1 式 □−25＝38 答え 63

2 式 4×□＝36 答え 9

3 ❶ 248 ❷ 26 ❸ 854 ❹ 9 ❺ 8 ❻ 7

26 53・54ページ

1 ❶ 90 ❷ 200 ❸ 3000 ❹ 2400

2 ❶ 14×32: 28, 42, 448 ❷ 20×23: 60, 40, 460 ❸ 31×23: 93, 62, 713
❹ 42×36: 252, 126, 1512 ❺ 64×43: 192, 256, 2752 ❻ 87×24: 348, 174, 2088

3 73×12＝876 答え 876円

★ ★ ★

1 ❶ 560 ❷ 1000 ❸ 735 ❹ 216 ❺ 3698 ❻ 1876 ❼ 4810 ❽ 3234

2 30×21＝630 答え 630まい

3 85×34＝2890 答え 2890円

27 55・56ページ

1 ❶ 1480 ❷ 138 ❸ 5120 ❹ 252

2 ❶ 312×31: 312, 936, 9672 ❷ 515×48: 4120, 2060, 24720
❸ 634×79: 5706, 4438, 50086 ❹ 507×34: 2028, 1521, 17238
❺ 806×87: 5642, 6448, 70122 ❻ 908×50: 45400

3 ㋐ 80 ㋑ 12 ㋒ 92

★ ★ ★

1 ❶ 5535 ❷ 26676 ❸ 57078 ❹ 49560 ❺ 19228 ❻ 2730

2 105×24＝2520 答え 2520円

3 ❶ 66 ❷ 500 ❸ 840 ❹ 2000

28 57・58ページ

1 $9\times4=36$ 答え 36本

2 $42\div7=6$ 答え 6倍(ばい)

3 ❶ $\square\times7=56$

❷ 8こ

★ ★ ★

1 ❶ $30\times2=60$ 答え 60回

❷ $30\div5=6$ 答え 6回

❸ $60\div6=10$ 答え 10倍

2 $48\div2=24$ 答え 24kg

29 59・60ページ

1 二等辺三角形(にとうへんさんかくけい)…㋐

正三角形…㋒

2 ❶ ❷

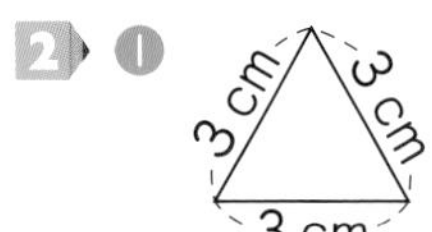

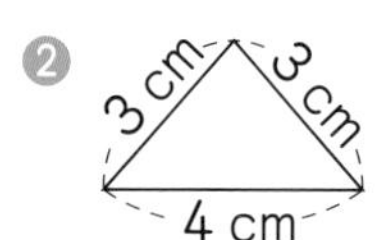

3 ㋓→㋑→㋐→㋒

★ ★ ★

1 ❶ 正三角形

❷ 二等辺三角形

❸ 【れい】右の図

2 ❶ ㋕の角

❷ ㋓の角

❸ ㋕の角

❹ ㋒→㋐→㋓→㋑

30 61・62ページ

1 ❶ 五だま ❷ はり

❸ けた ❹ 一だま

❺ 定位点(ていいてん) ❻ わく

2 ❶ 835 ❷ 308 ❸ 2.6

3 ❶ 97 ❷ 89 ❸ 51

❹ 11 ❺ 1.8 ❻ 1.4

❼ 8万 ❽ 1万

★ ★ ★

1 ❶ 70、100 ❷ 10、50、4

2 ❶ 87 ❷ 79 ❸ 34

❹ 43 ❺ 144 ❻ 31

❼ 1.9 ❽ 3.3 ❾ 9万

❿ 4万

31 63ページ

1 ❶ 167 ❷ 7000

❸ 1564 ❹ 9あまり4

2 ❶ $\frac{3}{7}$ ❷ $\frac{5}{8}$ ❸ 2

3 ❶ $<$ ❷ $>$ ❸ $>$ ❹ $=$

4 ❶ 7.8 ❷ 4.6 ❸ 1

❹ $\frac{2}{8}$

32 64ページ

1 8709000

2 $28\div2=14$ $14\div2=7$

答え 7cm

3 ❶ 180 ❷ 240

❸ 3000 ❹ 2000

4 ❶

町べつの人数調べ (人)

学年＼町	東町	西町	南町	北町	合計
2年	22	15	9	12	58
3年	17	13	14	15	59
合計	39	28	23	27	117

❷ 59人

3 2 1 0 9 8 7 6 5 4
＊ ＊ D C B A